生活的陷阱

如何应对人生中的至暗时刻

The Reality Slap

How to Find Fulfilment When Life Hurts

[澳]路斯・哈里斯（Russ Harris）著
邓竹箐 译

图书在版编目（CIP）数据

生活的陷阱：如何应对人生中的至暗时刻 /（澳）路斯·哈里斯（Russ Harris）著；邓竹箐译 . -- 北京：机械工业出版社，2021.5（2024.7 重印）
书名原文：The Reality Slap：How to Find Fulfilment When Life Hurts
ISBN 978-7-111-68114-4

I. ①生… II. ①路… ②邓… III. ①情绪 - 自我控制 - 通俗读物 IV. ① B842.6-49

中国版本图书馆 CIP 数据核字（2021）第 080571 号

北京市版权局著作权合同登记 图字：01-2021-1370 号。

生活的陷阱：如何应对人生中的至暗时刻

出版发行：机械工业出版社（北京市西城区百万庄大街 22 号 邮政编码：100037）

责任编辑：刘利英 责任校对：马荣敏
印 刷：河北宝昌佳彩印刷有限公司 版 次：2024 年 7 月第 1 版第 4 次印刷
开 本：170mm × 230mm 1/16 印 张：13.25
书 号：ISBN 978-7-111-68114-4 定 价：59.00 元

客服电话：（010）88361066 68326294

献给我出色的儿子。

在我写这本书时，你只有五岁，

截至目前，你一直都是我最棒的老师。

感谢你教会我如何生活和爱，帮助我成长和发展，

给我们的生命增添那么多的快乐和爱。

我很爱你，无以言表！

译者序 The Reality Slap

本书的最后一句是："我们能够持续感到心满意足，即便今生始终伤痕累累。"言尽于此，而意无穷。

本书的英文书名是 The Reality Slap——当你被现实掌掴，我第一次看到这个书名时，了解到它出自《幸福的陷阱》作者路斯·哈里斯博士之手，主题是如何用接纳承诺疗法（acceptance and commitment therapy，ACT）应对生活中的艰难时刻，就立刻决意要翻译此书。一是我之前翻译过《幸福的陷阱》，很喜爱哈里斯博士灵动务实的风格，希望和他"再续前缘"；二是我亦深刻体味人生之艰难，渴望用 ACT 的智慧明灯照亮漫漫长路；三是我很认同"痛是命定，苦由心生"（Pain is certain，suffering is optional.）之哲思，深感译介这本出众的 ACT 自助读物确实有助芸芸众生拔苦得乐，这项工作价值非凡，我愿躬身，乐此不疲。

2019 年 11 月，在机械工业出版社编辑的帮助下，我如愿以偿担任本书译者，心花怒放，扬帆起航。2019 年 12 月到 2020 年 9 月，恰逢新冠疫情肇始、肆虐渐至余波，全世界人民都在经历"生活陷阱"的考验，其间种种生离死别和惊心动魄毋庸赘言，而我正是在这段时间完成了译作：我经常是一边照看居家隔离的孩儿们，一边心系译稿，利用一切碎片时间敲击键盘，心之所向，诚意担当。2021 年春天，疫情基本尘埃落定，祖国继续欣欣向荣，这本书也即将和读者见面，风雨过后，春日暖阳！走过这一激荡人心的旅程，我深深体会到："生活的陷阱"总会出其不意地令人跌落其中，而上至国家，下至小家，再到我们每个人，其实都完全可以将跌入生活陷阱的痛苦体验奉为明师，从中学习成长，于跌倒处徐徐起身，挥别衣襟上的尘土，破茧成蝶，迎风再舞！

那么，人们为什么会跌入"生活的陷阱"呢？我想，其实真正的现实生活一直都在无常流转、如其所是，而人类头脑在进化历程和个人经验的双重塑造下，发展出一种映射并扭曲"现实"的能力，创造出有关"生活应该如何"的"头脑版"，一旦发现真正的"生活"和它的"头脑版"之间存在"裂隙"（这几乎是必然的），就会跌入"生活的陷阱"，为此痛不欲生，那怎样才能绝处逢生呢？

在"以痛苦为师"的过程中，这本书将成为我们的最佳盟友。哈里斯博士在书中首次公开谈及自己曾患自闭症的爱子，坦诚分享"被生活掌掴"并从中逾越的真实经历，感人至深；借此，他也生动鲜活地为我们提供了应对生活中艰难时刻的"四部曲"自助法：善待自己、落下锚点、选择立场和发现宝藏。ACT 善用隐喻，那我也来讲讲故事。

假设我们某天走在路上，本来春风得意，突然一不留神，就掉进一个大坑，哎哟，好疼，头昏眼花，这可怎么办？嗯，发现"入坑"，首先要做的可不是自我批判、雪上加霜，而是要好好心疼和安抚自己（善待自己）；然后，需要找到支点让自己爬起来，定定神，准备"出坑"（落下锚点）；接下来，需要在"出坑"的同时就弄清要往何处去（选择立场）；最后，这整个起身前行的过程可是非比寻常，充满启发乐趣，需要善加享用（发现宝藏）……喏，我还赋打油诗一首，敬请欣赏：

现实生活处处坑，善待自己攀高峰。

逢坑就蒙雾重重，落下锚点莫随风。

我愿今生何所成，选择立场奔前程，

沿途处处皆风景，发现宝藏变富翁！

这里，我还想再讲一段自己的亲身经历。我曾在美国加州的迪士尼乐园玩过两次“过山车”。第一次同行的伙伴看我十分害怕，就和我说：“你全程都要闭着眼睛，仅仅抓住扶手！”但我那次下来之后还是吓得心惊肉跳，全无半分享受。第二次同行的伙伴看我十分害怕，就和我说：“你全程都要睁开眼睛，心中很清楚接下来面临的高低起伏，你完全可以张开双臂，高声尖叫，好好玩个痛快！”我依之而行，哇，那一次玩得太尽兴了！原来“恐惧”和“跌落”本身都可以作为一种享受！亲证自己的胜任力之后，我信心倍增，玩心爆棚，竟然彻底迷上了这款游戏！其实，现实生活和坐“过山车”的体验亦是异曲同工，所以，我们到底要选择哪一种方式来面对，这本书恰好能够帮助我们睁开双眼、直面人生，并且尽情创造、享受成长的体验，将现实生活这款惊险刺激的游戏玩得更加丰富、充实和有意义！

行文至此，暮色已深，万家灯火，想到自己刚学ACT时有幸翻译《幸福的陷阱》，恍然三载春秋，我亲见ACT在中国的发展星火燎原、惠及万家；同时，伴随个人生活、咨询实践的波折起伏和活用ACT的体悟，我深感这种心理学方法既系统、又科学，既循证、又循程，真是妙不可言、前景大好。如今，有缘再译《生活的陷阱》，我不禁心生感怀——我很想感谢中国ACT领航人祝卓宏教授的一路引领，亦师亦友，给予我深沉永续的成长力量；很想感谢天津慧生心理工作室和“津ACT”网络社群的良师益友，“独木难成林，孤芳不是春”，一路历练成长，我结识了很多珍贵的师友，灼灼其华，映我前行；很想感谢我的家人，妈妈为我亲自示范什么是愈挫愈勇、自强不息；爸爸让我深深体味什么是灵活转变、爱意绵长；感谢我的先生和一双儿女，有缘与你们相爱相伴，正是我人生中最真切的价值，让我的生命富有意义；我也很想感谢本书编辑刘利英老师，刘老师总是慧眼识书、勤恳敬业，给予我诸般鼓励支持，深深慰藉译者情怀。

最后，我想分享我国伟大诗人刘禹锡在《酬乐天扬州初逢席上见赠》中的几行诗句，与你共勉：

“沉舟侧畔千帆过，病树前头万木春。

今日听君歌一曲，暂凭杯酒长精神。”

我们并不是等风暴平息才开启生活，而是本就一直在风暴中尽享生活！祈愿本书能弹奏一曲疗愈之声，伴君畅饮 ACT 醇酒，愿我们共同为这人生中遭逢的种种苦难举杯相庆，深情相拥，低吟浅唱，且歌且行，抖擞精神，再赴征程！

深深祝福亲爱的读者朋友们！

邓竹箐

2021 年阳春于慧生心理（津 ACT 基地）

引言 | The Reality Slap

当你被生活掌掴，面临现实裂隙

你最近一次遭遇生活的掌掴是在什么时候？我们每个人都可能随时遇到它：生活猝不及防地给我们沉重打击，令人惊慌失措、伤心欲绝，也会打乱日常生活的节奏。我们唯有挣扎前行，但有时也难免跌倒在地。

生活对我们的“掌掴”有很多种形式，有时十分暴力，出手就是重拳，比如：深爱之人离世，罹患重病，严重受伤，遭逢意外，遇到暴力侵犯，孩子先天残疾，事业失败破产，惨遭背叛，遭遇火灾、水灾等天灾人祸……而有时，它出手相对温和：发现别人拥有的正是我们渴望的，嫉妒在心中一闪而过；感觉自己和别人失去联结，为此深感孤独痛苦；突然受到刺激，然后对自己在刺激下出现的反应感到不满；还有那些刺痛感，比如挫败、失望、被拒，等等。

有时，掌掴事件会很快褪色、成为回忆，仿佛曾经的一阵短暂、粗鲁的敲门声；有时，被掌掴的经历则会带来残酷的打击，令我们深陷迷雾，需要好几天甚至好几周才能缓过来。无论掌掴的形式如何，有一点都毫无疑问：它会伤害我们。它突如其来，令人厌恶和抗拒，但问题是它还只是序曲，随之而来的一切会更加艰难。因为当我们被掌掴惊醒后，接下来就要面对“现实裂隙”（the reality gap）。之所以称为“现实裂隙”，是因为一边是我们“拥有”的现实，另一边是我们“想要”的现实。两者之间的裂隙越大，各种痛苦的情绪就会越猖獗：羡慕、妒忌、恐惧、失望、震惊、悲伤、生气、焦虑、暴怒、担心、内疚、怨恨，甚至还有仇恨、绝望和厌恶，等等。而且，裂隙通常不会很快弥合，可能持续几天、几周、几个月、好几年，甚至是好几十年！

大多数人在应对巨大的现实裂隙时，深感力不从心。因为社会文化从来就没有教我们如何有效应对这种情况，更不用说如何才能在应对裂隙的过程中让自己茁壮成长并持续满足。每当遇到现实裂隙，我们的第一反应就是努力弥合它：尽快行动，改变现状，尽可能达成期望。如果成功了，即弥合了裂隙，我们就会感觉良好：深感幸福，心满意足，重归平静，如释重负，而且很有成就感。这种感觉当然很棒，毕竟如果做点什么就能心想事成，而且不是采用犯罪手段，也不违背自己的核心价值，不制造更大的难题，又何乐而不为呢？

但是，假如没有达到目的，接下来会发生什么？如果现实裂隙无法弥合，比如：深爱之人离世，挚爱的伴侣离开，心爱的孩子移居海外；这辈子都不能有孩子，或是孩子先天患有某种严重障碍；我们想要交往的朋友对我们不感兴趣；失明，或是身患绝症；没有自己希望的那么聪明、天资过人或是美丽动人……那么，我们会怎样？另外，即使这些现实裂隙能够弥合，却耗时良久，那又会是怎样的情形？我们将如何面对这个过程？

我曾读过一篇文章，提到市面上所有的心理自助图书都可归为两类：一类宣称你能够拥有渴望的一切，只要用心去做就行；另一类主张你无法拥有想要的一切，但依然可以过上丰富多彩和奖赏丰厚的生活。显然，本书属于第二类。

坦白说，我很惊讶会有人相信第一类书的观点，如果仔细观察每个人的生活，如比尔·盖茨（Bill Gates）、布拉德·皮特（Brad Pitt）等，无论这个人是有钱、有名、有权，还是十分美丽、健康或聪明，你终将发现无人能够幸免：只要活着，我们就都会经历失望、挫折、失败、丧失、拒绝、疾病、伤害、衰老和死亡……

如果面临的现实裂隙很小，或是看似能迅速弥合，那么我们中的大多数人会处理得不错。但是，随着裂隙越来越大，无法弥合的时间越来越长，我们就会越来越感到自己在困境中挣扎。正因为如此，拥有"内在满足"特别重要，那是一种深深的平静、幸福和活力感。即便面对巨大的现实裂隙，即便梦想永远不会成真、目标一直无法实现，即便生活总是残酷不公地对待我们……我们依然能拥有"内在满足"。

这和"外在满足"截然不同，我们当然会竭尽所能达成理想，让自己感觉更好。弥合裂隙，实现目标，获取生活中真正渴望的一切，"外在满足"确实重要。毕竟，谁不想心想事成，谁不盼诸事如愿？只是，"外在满足"并不总是可行。（如果你认为可行，那一定是选错书了，你应该读读那些宣称你必将应有尽有的书，它们会告诉你，只要你向宇宙祈祷并坚信心想事成就行了。）

显然，本书关注的是"内在满足"：相对于从外部获取满足而言，那是一种深深的平静和幸福感，需要在我们的内部持续培育。而且，美妙之处在于：实现"内在满足"的资源对我们来说总是触手可及，每当需要时就会从内心涌出，而且取之不尽、用之不竭。不过，尽管我们需要重点关注"内在满足"，但这并不意味着要放弃"外在满足"：我们完全可以尽情享受世俗之欢，让自己的欲望、渴求和需要都充分得到满足，力争不断实现目标，只要可能，我们当然要弥合现实裂隙。我真正想强调的是，我们无须过度依赖从外在世界获取幸福和活力，即便是处在巨大的痛苦、恐惧、失落和丧失中，我们也能找到内心的平静和安慰。

22 位盲人

你一定听说过“盲人摸象”的故事，三位盲人对一位马戏团领班说：“我们很想知道大象长什么样，能不能让我们摸一摸？”于是，这位领班把他们带到一头珍贵的大象面前，幸好这头大象十分温顺、友好。然后，第一位盲人抓着象鼻，充分感受，说道：“天啊，这头大象就像一条蟒蛇！”同时，第二位盲人用手四处抚摸象腿，提出反对意见：“一点都不像蟒蛇，它像大树的树干。”第三位盲人则仔细感受了一番象尾，然后说：“你们两个到底在说什么？这头大象不就是一根绳子吗？”

当然，这三位盲人从自己的角度进行的观察其实都相当准确，但是，每个人感受到的都只是大象之谜的局部。从某种意义上说，这本书也是同样的性质。本书的 22 章内容就好像有 22 位盲人在摸象。阅读每一章都能让你接触大象的某个局部：有时你会摸到大象的主体，比如躯干；有时你会摸到一些细节，比如眼皮……在本书结束时，你将完整地一睹大象的真容，得以欣赏它优美壮观的全貌。

我们探索的这头大象正是“接纳承诺疗法”（acceptance and commitment therapy），即 ACT（读音同单词 act，而不是 a、c、t 3 个字母）。ACT 是一个有实证研究基础的科学模型，能够帮助人们丰富和扩展自己的生活。它由美国心理学家史蒂文·海斯（Steven Hayes）创立，以“正念”和“价值”的理念作为根基。如果你刚刚涉足 ACT 领域，还不清楚它如何帮助我们在面临挑战时依然充满活力，本书将会为你提供全面的入门介绍；如果你对ACT已相当熟悉，本书将会让你获得崭新的洞察，提醒你可能已经忘记的内容，令你仿佛故地重游，发现曾经错过的美景。

本书的章节设计不仅为启发思考，更为开启心灵。有些地方风趣诙谐、轻松愉快，有些地方严肃深沉，如我会和你分享自己的故事，可能会让你潸然泪下。我很喜欢将这些不同部分看作一扇扇窗：你站在窗边就能欣赏壮丽的风景，感恩此时此地，打开视野，看得更远、更清晰，这些窗户也为你提供了崭新的方向。因此，我邀请你投入并享受这段旅程。没必要匆匆赶路。每一次，当你抚摸大象时，请仔细体味那种触感；每一次，当你开启一扇窗时，请仔细欣赏那处美景。就这样脚踏实地、水滴石穿，你终将学会如何在被生活掌掴时依然心满意足。

The Reality Slap | 目录

被生活掌掴之后

第一部分

The Reality Slap

The Reality Slap

第1章

四部曲

世事难料！我40岁生日之前，生活十分厚待我，一切都那么顺风顺水，我暗自思忖："或许真正的人生是从40岁开始的！"20年来，我笔耕不辍，完成5部未公开出版的小说，在此积累下，我的第一本书即将正式付梓。我十分热爱心理治疗师和生活教练的工作，职业生涯也正驶往激动人心的崭新方向。我身体健康，婚姻美满，有贴心的好友。但这一切，都无法和我生命中那份"狂喜"相提并论：那就是我最棒的宝贝儿子！当时他11个月大，初为人父的我体验到了前所未有的强烈爱意、无限喜悦和万般柔情，就是那种父母在面对小宝贝时自然涌现的感觉。

像大多数新手父母一样，我觉得我儿子是全世界最棒和最聪明的宝贝。我常常幻想他未来生活的情景。他在很多方面都"青出于蓝而胜于蓝"，并不像我，他会成为运动健将，在校园里被小伙伴前呼后拥，长大后自然迷倒一大片小女生。他肯定会读大学，成就一番辉煌事业。啊，梦幻王国如此奇妙！

然而，就在我们的儿子 1 岁半时，我和太太开始担心他的成长发育滞后于同龄人。除了其他一些表现外，最明显的就是他还不会走路，也不大会说话。于是，我们带他去看儿科医生，安排他接受专业评估。医生进行了全面检查，然后向我们保证，他只是发育“迟缓些”，“男孩一般都这样”，医生让我们不必担心，如果仍然心存疑虑，可以过阵子再回来瞧瞧。

3 个月转瞬即逝，我们的担心与日俱增。孩子似乎总是“游离”于他的个人世界。那时，他马上就要两周岁了，可还不会走路。他常常扭动小屁股，摇摇摆摆，四处闲逛，看着很可爱、很好玩，但他这个样子却让我们忧心忡忡。而且，他开始出现一些古怪的行为，比如翻白眼，使劲儿勒玩具熊，磨牙，斜着眼盯着墙壁和地板上的平行线。他还是不怎么会说话，甚至不知道自己的名字。

于是，我们第二次带他去医院，新换的一位儿科医生非常重视，立即为他安排了更加全面彻底的评估，参与者还包括一位语言功能治疗师和一位心理学家。然后，就在我最心爱的小宝贝还差 5 天满两岁时，他被确诊为自闭症。

我的世界轰然坍塌。在过往的全部生活里，我从来没有体验过这样的痛苦！

“自闭症”就像“癌症”或“艾滋病”之类的字眼一样可怕：我平时听到都不寒而栗，何况如今这个诊断落在自家孩子头上，那种感觉就好像有人在你肚子上捅了一刀，又狠狠剜了几下，然后，不紧不慢地把你的肠子从伤口深处往外生拉硬拽。

我号啕大哭，低声啜泣。之前真的不知道一个人可以受伤到这么严重的程度。我骨折过，生过重病，也经历过挚爱亲朋的离世，但是那些事带给我的痛苦和这次相比实在是小巫见大巫。

* * *

伊丽莎白·库伯勒–罗斯博士（Dr. Elisabeth Kübler-Ross）提出了非常著名的“哀伤五阶段”理论：否认（denial）、愤怒（anger）、讨价还价（bargaining）、抑郁（depression）和接纳（acceptance）。尽管这个理论是针对死亡和临终情形的，但这些阶段同样适用于各种类型的丧失、打击、危机和创伤。不过，这些阶段并不是严格对应和精准划分的，很多人可能不会完整经历全部阶段。这五个阶段的发生顺序也不是一成不变的：经常同时发生，也可能来来去去、彼此交织，而且它们常常貌似“结束”，却很快“卷土重来”。

我们这里所说的被现实掌掴，是指那些不是很剧烈和严重的生活事件，你或许并没有感到哀伤，而主要是觉得危机重重、怅然若失。鉴于你至少会经历其中一些阶段，我们不妨就此进行简要的讨论。

“否认”是指一种有意识或是无意识的拒绝，或是缺乏面对现实的能力。具体表现为：不愿谈论或思考发生的事情；竭力假装什么都没发生；生活弥漫着一种非现实感——终日游荡，茫然无措，仿佛发生的一切只是一场噩梦。

在“愤怒”阶段，你可能会对自己、他人或者生活本身义愤填膺。愤怒有很多“近亲”，经常造访的有：不满、愤慨、盛怒，或是一种遭遇不公、不义以及背叛的强烈感受。

“讨价还价”是指你努力尝试做一些你希望可以改变现实的事，从向上帝祈祷以争取某些事情的延缓，到要求外科医生承诺手术必定成功，等等，不一而足。通常你还会进行大量对于现实可能性的思考和幻想，而且具有一厢情愿的特点，比如，“但愿这件事没有发生”“但愿那件事没有发生”，等等。

不巧的是，“抑郁”的这个命名有误，它并不是指你正在经历通常临床诊断意义上的“抑郁障碍”，而是指悲伤、悔恨、遗憾、害怕、焦虑和不确定感之类的正常情绪，这些都是人类在面临丧失和创伤时出现的自然反应。

最后，“接纳”是指能够和现实裂隙和平共处，不再和它战斗或回避它。

在我儿子确诊后的数月里，我发觉自己反复多次经历了上述阶段。写作本书距离那一次被生活掌掴已过去三年，我也从中学习成长良多。尽管那次掌掴渐行渐远，已成追忆，但它所撕开的现实裂隙却一直都是敞开的。因此，我将在本书中分享个人经历，借以阐明度过这些阶段时需要秉持的基本准则。即便是老生常谈，我也必须要说，尽管这趟旅程道阻且长、痛苦随行，但与此同时，也一直会带来令人难以置信的丰厚奖赏。一路走来，沿途撒满巨大的悲伤、恐惧和愤怒，但同时也盈溢着充裕的喜悦、爱和奇妙，而我在这里，全然期待你能在自己的旅程中也有同样的发现。

当然，你的现实裂隙在我看来可能很有挑战，或许你认识的人也有同感。离婚、死亡或残障，疾病、伤害或虚弱，抑郁、焦虑或成瘾，所有这些在旁观者看来都异常艰难，但是透过现象看本质，它们又都存在相似之处。在每一种境遇下，我们都面临“发生的现实”和“渴求的现实”这两者之间的裂隙。而且这个裂隙越大，我们真正能做的就越少。因此，我在本书中专门提出一种应对现实裂隙的策略，无论这个裂隙是大是小，是暂时的还是永久的，这个策略都会给你带来帮助。如果这个裂隙能被弥合，可以运用该策略弥合它；如果这个裂隙无法弥合（无论是暂时的还是永久的），也可以运用该策略让自己获得内在满足。

总的来说，这一策略包括四个步骤：

○ 善待自己

○ 落下锚点

○ 选择立场

○ 发现宝藏

下面，就让我们来快速了解一下这些步骤。

第一步：善待自己

感觉受伤，就需要善待自己。很不幸，这一点知易行难。对大多数人来说，头脑的默认设置就是一种尖酸刻薄、惯于评判、漠不关心或自我苛责的姿态（尤其是当你认为现实裂隙是你自己制造的时候）。

其实，我们都很清楚，自我批评并没有实际帮助，但这些批评之声一旦响起，就难以止息。而当今流行的那些自助方法，比如挑战自己的消极思维，反复进行积极的自我肯定，练习自我催眠，长期来看对绝大多数人并不奏效，我们的头脑会继续停留在尖刻、评判和自我苛责的频道。所以，需要学习自我关怀的技艺；学习友善而温柔地自我抱持；学习给予自己支持和安慰，有效处理痛苦的想法和情绪，从而减轻它们对生活的冲击和影响。

第二步：落下锚点

现实裂隙越大，随之而来的情绪风暴就越猛烈。痛苦情绪的波浪猛烈地撞击我们的身体，痛苦想法的飓风疯狂地席卷我们的头脑。当我们被这些想法和情绪的风暴裹挟而去，就会感到十分无助，唯有不顾一切尝试力挽狂澜、自我拯救。因此，当风暴袭来时，必须落下锚点，自我稳定，才能继续有效行动。抛锚并不是消除风暴，而是让我们保持沉着镇定，直到风暴平息。

第三步：选择立场

无论何时遇到现实裂隙，我们都可以问问自己下面这个问题，可能会很有帮助："面对这种情况，我要选择什么样的立场？"我们可以选择对生活缴械投降，也可以选择做一些意义更深远的事。我们可以选择在内心深处珍视什么，然后用它们为苦难赋予尊严，从中获取前行的决心和勇气。

显然，我们无法返回旧日时光或是抹去已经发生的事，但可以选择面对这些事情的态度。有时，选择立场就足以弥合现实裂隙，有时则明显于事无补。但是，只要亮明立场，我们就会随之体验到生命的活力；或许无法真正拥有渴望的现实，但我们能够因怀有意图去生活而感到真正的心满意足。

第四步：发现宝藏

一旦将前三步付诸实践，我们就会进入一种和以往迥异的心理空间，就能在其中发现并感恩生活赐予的一切宝藏。最后一步听起来似乎很难实现，特别是如果你正处在强烈的焦虑、悲伤或是绝望中时，但其实是有可能的。接下来，我就举一个很有说服力的例子。数年前，我的朋友经历了痛失爱女的悲剧：她 3 岁的女儿猝然逝于败血病。我参加了那个孩子的葬礼，那真是我参加过的最令人肝肠寸断的葬礼，到场的人心中无不涌现出无限的悲伤。

接下来的几个月，我的朋友一直都在探寻令自己满意的生活，这让我大为吃惊并深受鼓舞。痛失爱女给她带来了难以想象的悲伤、折磨和痛不欲生的感觉，作为当事人，她却还能真切地保持与生活中其余部分的联结。在为内心的悲伤创造空间的同时，她却还能够在外部世界寻求和亲友、工作以及自身创造性之间的联结。而且，在这个过程中，她的确找到了爱、喜悦和舒适。痛苦并未真正消失，我怀疑它永难消逝，现实裂隙也并未弥合，怎么可能？但是，她已经能够对那个裂隙周围的现实世界心怀感恩，欣赏生活依然给予她的丰盛馈赠。

如果你没有孩子，可能就很难意识到这有多么不同寻常。我自己就完全无法想象有什么会比丧子之痛更可怕。在那种情况下，很多父母会陷入严重的抑郁情绪，甚至选择自杀。但是，这绝不是唯一的出路，我们的确还拥有其他选择，即便头脑会就此否认。

这正是这趟旅程的最后一步：发现埋藏在一切痛苦背后的珍宝。我们并非要矢口否认深深的痛苦，或是假装毫发无伤，而是承认痛苦就在这里，与此同时，还能感恩生活的慷慨馈赠。

此时此刻，或许你会发现头脑正在抗议：它坚称你的情况和别人不同，你的生命会永远定格在无意义、空虚、悲惨或不堪忍受的绝境，除非你能真正弥合现实裂隙。假如头脑真这么说，请你放心：这些想法的出现完全是自然的。初次接触这个方法时，很多人都会这样想。假如我试图说服你"头脑所言皆是虚妄"，多半也会无功而返。我当然可以引经据典，拿出很多发表在领先心理学期刊上的 ACT（接纳承诺疗法）研究，表明这种方法对于抑郁、成瘾、减轻工作压力、晚期癌症都有很好的效果。但是，所有这些都会被你的头脑轻而易举地否决，一个评论足矣："可是，那并不意味着对我也有用。"然后，我就没法继续争辩了。毕竟，这个方法可能会帮到你，但我也不能把话说得太满。但是，可以确定的是：如果你停止阅读，只因为头脑对你说，"这些都没用"，那你就绝无可能从这本书中有所收获了！

所以，试试让你的头脑自说自话如何？让它畅所欲言，但请不要让它真正阻止你。你可以将它看成背景中喋喋不休的广播声，同时接着往下阅读，并且对会发生什么保持好奇。毕竟，尽管头脑常常为自己未卜先知的能力沾沾自喜，但实际上……谁又知道到底会发生什么呢？

The Reality Slap

第2章

当下、意图和荣幸

伯尔赫斯·弗雷德里克·斯金纳（Burrhus Frederic Skinner）是人类历史上最有影响力的心理学家之一。弥留之际，他越来越感觉到口渴难耐，于是，护士喂了一点水给他，斯金纳特别舒服地啜饮着，吐露出平生的最后一句话："这太美妙了。"

听起来是不是很受鼓舞、很有启发？临终之时，斯金纳先生的器官纷纷衰竭，肺就要停工，白血病肆虐于整个身体，可他还是能充分享受人生中一份最简单的快乐。

这个真实的故事蕴含三个重要主题，与每位追寻内在满足的人士休戚相关。无论你如何踏上这条道路，无论是通过诸如 ACT 这种现代西方心理学的科学方法，还是经由佛教、道教或是瑜伽这些古老的东方修行路径，你都会遇到这三个核心主题，我总结为三个 P：当下（Presence）、意图（Purpose）和荣幸（Privilege）。

当下

想要追寻持续的心满意足，就需要发展全然活在当下的能力。可是，全然处于当下（投入此时此地的体验，并保持开放），并不容易做到。为什么？这得归功于我们与生俱来的绝妙礼物：人类的头脑。头脑真是无与伦比，没有它们，我们统统都会陷入麻烦。可一旦拥有头脑，你就会发现，它们从来不会停止思考，对此你无能为力。头脑从早到晚会产生大量的想法，经常让我们“上钩”，然后让我们和当下的生活脱节。每天大部分时间里，我们大多数人其实都处于一种漫游状态，并且会错失此时此刻的体验。而且，很多人甚至根本都没有发现这一点。

你有没有做过类似的事？比如，你在洗澡时，温暖的水流冲洗着你的身体，有那么一两个瞬间，你全然处于当下：完全沉浸在沐浴带来的丰富感官体验中。水从你的后背顺流而下，那份温暖轻抚你的肌肉，身体也随之愉快地醒来。之后……不过几秒钟的光景，你就再次陷入思绪：“今天还有什么没做完的事？”“哦，我必须把那个项目搞定。”“哦不，我忘记告诉苏珊女孩之夜派对的时间了。”“今天我要给蒂米做点什么好吃的午餐？”“啊哈！再坚持三天就可以去度假喽！”“嗯，我的腰越来越粗了，还是恢复锻炼吧。”

当你越来越沉浸在想法中时，洗澡这件事也就会逐渐淡化到背景中。你知道自己还在洗澡，但不再全神贯注。仿佛你的身体在自动地洗澡，而你的头脑却在上演一大段精彩对白。很快，当你还没意识到怎么回事时，洗澡结束了。

坦白说，我们大多数人每天都会花大把时间胡思乱想，游荡于“心理迷雾”的蒙蔽中，因此错失生活中很多丰富多彩的时刻。当我们面临一个巨大的现实裂隙时，也很容易如法炮制。头脑会迅速生产出无尽无休的痛苦想法，轻易就“吸引”了我们。例如，如果现实生活在你家门口出乎意料地甩下一些重大事件（突然病危、经历离婚或是某种灾祸），我们很可能变得茫然无措，简直“无法思考”，或是一时失忆，甚至想维持日常生活都力不从心。

全然投入手中之事并对当前任务保持注意的这种能力，对于学习任何技能或是从事任何活动来说，都非常关键；同时，对于采取任何一种有效行动来说，也至关重要。因此，如果想要有效回应生活扔给我们的种种痛苦和灾难，就必须首先让自己安处“当下”。

说明：“当下”更广为人知的说法是“正念”(mindfulness)，我在本书中会交替使用这两个词语。目前，正念是西方心理学界的热门话题，你可能会从教科书和自助书中了解到它来源于佛教。其实，这是一个极大的误解。佛教只有2600年的历史，正念的历史悠久得多。在本书中，我们将走近“正念”，或称“当下”，而且是通过ACT这种西方心理学的科学方法，它和传统的东方修习方法有很多相似之处，同时也有许多不同。

意图

“是的，是的，”人们有时会说，“你说的都很对，活在当下，可是真到生活中我该怎么办？”这个问题特别重要。仿佛花朵需要阳光，当下也需要意图，否则就会面临一种风险：尽管全然活在当下，却缺乏生活的意义。

所有人必然面临的最大挑战，就是发现自己到底想过什么样的生活。我们想成为什么样的人？对于在这个星球上度过的大部分时光，我们持有怎样的立场？我们愿意为之倾注时间和精力的这条道路，到底通往什么样的终点？

当然，有些人会追随他们所属的宗教、家庭或是文化赋予的意图，并为此感到快乐，可是我们大多数人并不是这样的。绝大多数人必须自己为自己创造一种使命感，这个任务知易行难。我们越能去联结一种能够指引当下和未来行动的意图，就越能感到志得意满，深感自己每时每刻都没有辜负自己的生命时光。

对有些人来说，现实撕开一个巨大的裂隙，其实会有助于澄清生活的真正使命：我们开始触碰那个“更宏大的图景”，反思生活的真正意义，联结自身的核心价值，并且收获成长和进步。我们甚至还能找到一个理由，或是创造出一种使命以点燃自身的热忱，并因此感到充满活力。而对另外一些人来说，影响则完全相反：我们的头脑可能会强烈对抗现实撕开的裂隙，宣称生活毫无意义、希望渺茫和不堪忍受。一旦被这些想法套牢，我们就会失去生活的意志，活着成了一种负担，一切都索然无味。因此，在遭遇现实裂隙并且想要选择一种立场时，我们最需要做的就是探索到底什么是真正重要的。我们需要了解自身的价值何在，这样才能创造和描绘一种生活的使命感。

荣幸

木柴和火苗在壁炉中接触燃烧，会给我们提供一种很美妙的温暖体验。同样，意图和当下在内心深处相遇，会给我们提供一种很美妙的荣幸体验。一种荣幸，意味着一种特殊利益，或是只有少数人才能享有的一些有利条件。假如，我们将生活看作在行使一项荣幸的权力，觉得活着本身就值得感激和欣赏，而不是把一切视为理所应当或将生活看作亟待解决的麻烦，那么，生活自然会令我们更加心满意足。我们平时总喜欢说，生命是“短暂的”“珍贵的”或是“一份礼物”，可实际上却经常迷失在想法中，与自己的意图渐行渐远，很难真正欣赏此刻拥有的一切。

当重大苦难突然降临时，这种情况就会更普遍。我们的头脑可能强烈抗议：“这不公平！”“为什么让我摊上这种事？”“我真受不了。”“生活为何如此艰难？”“事情不应该是这样的！”“我再也不能这样下去了。”更有甚者，在一些严重情形下，还会出现“我想死”的念头。不过，信不信由你，即使是处于巨大的不幸当中，依然有人能够将生活视为一种荣幸，并且充分利用它。（正如我在之前章节中提到的，如果你的头脑抗议说这对你绝无可能，不妨就让它唠叨，当它是背景广播，接着往下读就行。）

斯金纳的临终时刻

斯金纳临终一语的故事恰好呈现出 3 个 P 的维度。即使是濒临死亡的时刻（可以说没有哪一种现实裂隙会比这个更大），他还是能够全然处在当下，尽情品尝最后一口清凉的水。就意图来说，斯金纳倾其一生致力于帮助人们过上更加美好的生活。（在这方面，他确实取得了丰功伟绩：他的理论和研究推动了西方心理学变革，对当代心理治疗、心理教练和个人发展等很多理论模型也都产生了强有力的影响。）

临终一刻，他是不是也在表达同样的意图？当然，我们也只是猜测，不过在我看来，他帮助他人的意图始终如一，一直体现到生命中的最后一句话。想想看，“这太美妙了”的重点是什么？难道不是鼓励和安慰那些他深爱的人，那些当时正痛苦万分的人？

对于3P中的第三个维度，他也做出了优雅示范，展现了如何将生活视为荣幸，如何充分利用生活赐予我们的良机。

这个故事和每个人都有关联。我们是多么频繁地难以欣赏拥有的一切；多么经常地将生活视为理所当然；多么司空见惯地错过生活中那些非凡和奇迹般的体验；多么习以为常地依靠头脑的自动导航、漫游度日，并且在行动时缺乏清晰意图的引领；又是多么轻易地受困于麻烦、恐惧和失落，然后对生命中的一切美妙视而不见。

请不用担心，我在这里并不是要给你讲一些神话故事，装作生活撒满鲜花、尽皆甘甜，从此以后我们就“过上了幸福的日子”。毫无疑问，现实生活荆棘丛生、满目疮痍。无论此刻多么美妙，只要活得足够长，你早晚会遇到巨大的现实裂隙。然而，即便痛苦和艰难在侧，依然有很多值得体味、感恩和欢庆的事情，哪怕你正处于极大的悲伤和恐惧中。不过，如果不能优先使用“当下”和“意图”这两个原则，你就很难真正做到。（这也是为什么“积极思考”很可能会没用，因为自我劝说每片云彩都镶着一道金边，特别是如果你将这种方法作为应对痛苦的主要策略，事实上，你很快就会发现这种做法会在长时间内加剧你的痛苦！）

显而易见，假如你真正面临某种威胁，如关在集中营，在监狱中饱受摧残，或是在荒郊野外挨饿，这种情形恐怕很难和品味欣赏生活沾边。但是，既然你在阅读本书，显然你的情况就不在此列。也许对某些读者来说，你的情形真的与那些极端情况类似，甚至有过之而无不及，那么，我也不想就此争辩。我唯一想做的，就是邀请你继续保持开放的头脑，你不需要相信这3个P中的某些或是全部肯定有用。只是请你接着阅读，对接下来发生什么保持好奇。

目前，我的目标只是提高你的觉知力，因此，我邀请你在日常生活中留意何时何地会出现这3个P。例如，某个挚爱之人离去时，我们很多人可能会在葬礼上体验到这 3 个 P。有时，我们完全沉浸在葬礼时分（当下）；有时，我们的一言一行都承载着意图；也有时，我们很感激他人传达的友善和爱（荣幸）。因此，无论你在此刻生活中正纠缠于什么议题，都请留意 3 个 P 出现的那些时刻。

何时何地，你能够全然安处当下，全心投入正在做的事情中？何时何地，你能够遵从自身意图，做对你来说真正重要的事？何时何地，你能够体验到一种荣幸感，在那时拥抱和欣赏生活的本来面目？

也请留意，你是如何帮助自己创造这些时刻的，它们又如何为你的生命增添色彩。“留意”，这个简单的动作本身就会带来很多不同。也许看起来并不是十分显眼，但你将会发现，正是它构筑了人类内在满足的最深根基。

善待自己

第二部分

The Reality Slap

The Reality Slap

第3章

呵护之手

当现实狠狠地打了你一巴掌，打得你站立不稳、眼冒金星时，你希望从自己爱的人那里获得些什么？绝大多数人有着相同的渴望。我们想确定会有一个人能一直守护我们：这个人会发自内心地在意我们；会花时间理解我们；会承认并感同身受我们的痛苦；会抽出时间陪伴在我们身边，支持我们袒露真情实感，而不是期待我们立刻振作起来，或是戴上一副勇敢者的面具，假装一切都挺好；会支持和善待我们，并切实提供帮助；会用实际行动证明我们并不孤单。

真正面临一个巨大的现实裂隙时，我们就会发现，有些人能够恰当地回应我们的痛苦，比如用上面说的方式。但是……也有很多人不会那么做。不妨回想你最近的一次经验，在经历那种令你痛苦、受伤或倍感压力的重大生活事件时，你得到的哪些回应会真正让你感到被关心、支持、接纳和理解？下面列出的一些回应方式可能会令大多数人满意。（请记住，每个人都是独一无二的，而且不同的情境也需要予以不同的回应。并不是每个人都想要以某种特定的方式被对待，也就没有哪种回应对于不同情境下的各种情况都具有普适性。）

清单 1

- ○ 给你一个热情的搂抱、拥抱或熊抱。
- ○ 握住你的手。
- ○ 伸出一只胳膊环抱着你。
- ○ 承认你的痛苦是合情合理的："这对你来说一定很难"，或者"我甚至无法想象你正在经历的这些事"，或者"我知道你正深陷于可怕的痛苦中"。
- ○ 什么都不说，只是陪伴在你身边，支持你想怎样就怎样。
- ○ 某些情况下，比如你经历了令人极度痛苦的丧失，那么他们就在你哭泣时抱着你，或是陪你一起哭。
- ○ 提供支持："我能帮你做点什么事？"
- ○ 询问你感觉如何。
- ○ 分享他们自己的反应："我感到很难过""我真的很愤怒""我感觉很无助，真希望我可以做些什么"，或者"我不知道要说些什么"。
- ○ 为你的痛苦创造更大的空间："你想不想谈论一下它？""哭吧，没什么大不了的""我们不必说些什么，我坐在你身边陪着你，我就很开心。"
- ○ 无条件给予支持，比如为你做晚餐，照看孩子，或者处理日常琐事。
- ○ 花心思真正来看望你，花时间陪在你身边。

○ 当你诉说正在经历的一切时，能够真正倾听。

○ 说些类似这样的话，“我会一直守候你”，并且言出必行。

这些回应方式都在传递同样的信息：我会一直守候你，我在意你、接纳你、理解你，我深深懂得你的痛苦，很渴望能帮助你。传递这一信息有很多方式，其中有些办法尤其能触动人心。例如，在我儿子确诊之初，我的痛苦不堪忍受，而最棒的回应来自我最好的朋友约翰尼，他是那种非常实诚的人，来看望我时正赶上我儿子刚确诊几天，他上来就给了我一个大大的、很有力量的拥抱，并且说：“你这个倒霉鬼！你一定觉得完蛋了吧！”这些话语很难和诗情画意沾边，不过，当约翰尼如此温暖而友善地脱口而出时，我被深深地感动了，这远比那些文采斐然之辞对我的触动更深。

然而，真正能够体现出慈悲的回应相当稀少。这在很大程度上是因为我们通常根本不懂如何回应更恰当，从来没有人教过我们怎么做更好。更为普遍的是，你会发现人们经常做出如下回应：（如果足够坦诚，几乎所有人可能都经常像下面这样回应，反正我是这样！）

清单 2

○ 给你引经据典：“海里的鱼还多着呢”“时间会治愈一切”“每一朵云彩都镶着一道金边”。

○ 告诫你要“积极思考”。

○ 询问你的情况，但很快转移话题。

○ 给建议：“你应该做这件事”“你就没想过试试这样或那样做”。

○ 轻视你的痛苦：“哦，是的，我也经历过这种事，好多次都是我自己熬过来的，让我告诉你一些对我管用的办法吧。”

○ 告诫你克服它：“想办法搞定”“继续前进”“随它去”“这件事是不

是应该到此为止？”

- ○ 低估你的感受：“不必为打翻的牛奶哭泣”“也没有那么差”“振作起来”“咬紧牙关”。
- ○ 告诫你的想法缺乏理性，或者说你是在过度消极地思考。
- ○ 轻视或贬损你的痛苦：“想想看，还有很多孩子在非洲挨饿呢……”
- ○ 努力让你从痛苦中分心：“我们出去喝一杯吧”“我们去寻欢作乐吧”“吃点巧克力吧”“看个电影吧”。
- ○ 不来看望你，不来陪你，甚至主动躲开你。
- ○ 扮演“搞定先生”：针对你的问题拿出各式各样的有效方案。
- ○ 嘴上说很想帮你，但没有实际行动。
- ○ 听你说话时缺乏耐心。
- ○“搁置”或是“忍耐”你的悲痛，而不是真正接纳它们。
- ○ 让你安心：“很快都会好起来的”“没有你想得那么糟糕”“这件事会过去的”。（注意：人们通常会把“让你安心”视为一种慈悲行动，有时它确实是，但问题在于，这样做很容易将“安慰者”置于“高高在上”的位置，仿佛父母在哄小孩。）
- ○ 向你提供与问题相关的真实信息和解决策略，而没有首先询问你的感受。
- ○ 试图“缩小”你的痛苦：“等你回头再来看这件事，可能会一笑置之”“一年之后，这些将成为一段遥远的回忆”。
- ○ 羞辱你：“你完全是无中生有、小题大做”“像个男子汉一样面对问题”“快点长大”。
- ○ 责怪你：“纯属是你自作自受”“如果你没做 X、Y 和 Z，这些根本就不会发生”“我警告过你会有这种结果”。
- ○ 忽视你。

尽管上面清单 2 中的一些回应方式很粗鲁，或是带有自我防御的色彩，但这些回应者大体上是想真正提供帮助。只是站在被回应者的角度，我们很可能感到受伤、恼怒、拒绝，不被认可和欣赏，遭到误解或冒犯。例如，我儿子确诊后，有人对我说："老天会把特别的孩子赐予特别的父母。"这种说法简直令我大发雷霆。尽管他们的出发点或许不错，只是尝试说些有帮助的话，可这么说也太随心所欲、口无遮拦了！他们没有首先努力认同、看见或共情我的痛苦。也正因为如此，我丝毫感觉不到他们能真正理解我的经历，也接收不到支持和关心。在我看来，这些都是缺乏诚意的胡说八道，根本没有任何理解和慈悲可言。而我这份暴怒情绪之下深藏的，其实是我真的感到很受伤、很难过。

显然，清单 2 中的一些回应方式可能真有帮助，比如那些关于问题的建设性解决方案和实践建议，但有个前提，就是要在恰当的时机，而且是在表达关心和共情之后提出。例如，我的所有书里都包含一些名人名言，但是在恰当的时机出现，它们就会令人感到振奋鼓舞。然而，如果你上来就对刚刚被现实掌掴的人说这些，就会越界，显得没有人情味，或是在自我防御。试想，一位你深爱的人刚刚逝去，一个人跑来对你说的第一句话是"没事，杀不死你的必将使你强大"，或者"艰难困苦，玉汝于成"，你会有怎样的感觉？

作为通用准则，慈悲的回应必须在开始做其他事之前进行，比如清单 1 中的那些做法。如果某些人跳出来，直接抛出一大堆建议、名言、积极思维或是行动计划，而没有首先表达他们的慈悲，我们就很容易感到沮丧、心烦、抗拒、受伤或是愤怒，而且自己都常常搞不清楚为何如此。

感到受伤时，大多数人首先渴望的是能被理解、接纳和关心，这部分要安排在寻求解决方案或策略之前，也优先于去转换思维看待当前的情况。只有当我们感到被理解、接纳和关心后，接下来才可能对清单 2 中的某些回应心生感激。但显然不是那些自我防御式的回应：如果有人责怪我们，小觑我们的问题，或是告诫我们要更强大，这些自然会雪上加霜。

接下来，需要你考虑几个问题：

○ 在你的生命中，谁能够一直守候着你，无论何时，无论何事？
○ 谁能理解、承认和共情你的痛苦，比这个星球上的任何人做的都好？
○ 谁能够真正了解你遭受了多少苦难？

你自己。

因此，你的位置很特殊。无论生活多么艰难，你总是在那里；纵然无人施以援手，你自己总可以；你总是能做些帮助自己的事情，即便你的头脑说“不可能”。

和自己建立良好的关系，对于我们实现内在满足至关重要，尤其是当我们深陷于一个巨大的现实裂隙时，更是如此。但不幸的是，这些并不会自然发生，大多数人都不擅长为自己提供接纳、感恩、滋养、支持、鼓励并保持自我慈悲。更常见的是自我打击，尖酸刻薄的自我评判、自我漠视，或是干脆自暴自弃。令人难过的是，在遭遇重大现实裂隙时，我们会更容易直接冲向清单 2 的方式，而不是选择清单 1 中的慈悲性回应。你不妨看看自己的情况：可以再次通读两个清单，或许你会发现自己竟然那么频繁地使用清单 2，而不是清单 1。

* * *

试想，如果有那么一个时刻，你能够改变和自己的关系，你能够成为自己最好的朋友。（你的头脑可能会说，这听起来完全是陈词滥调，而且毫无可能，但是，假如你带着信心继续阅读，最终会发现根本不是它说的那么回事。目前，就先让你的头脑自说自话好了。）一旦你学会改变和自己的关系，就会处于一个非常美妙的位置。为什么？因为无论你走到哪里、做些什么，也无论你遭遇的现实裂隙多么巨大，你“最好的朋友”始终都会支持你：在你受苦时慈悲地回应你，在你把事情搞砸时理解你，在你丧失信心时鼓励你。

探寻自我慈悲

电影《卡萨布兰卡》结束时，亨弗莱·鲍嘉（Humphrey Bogart）低吟着那句经典台词：“路易斯，我觉得这是一段美好关系的崭新起点。”开始学习自我慈悲，就开启了和自己的美好关系。“慈悲”（compassion）这个词语来自古拉丁语的两个词汇：com 的意思是“在一起”，而 pati 的意思是“正在受苦”，所以“慈悲”的字面意思是“一起受苦”，不过，它的意思最近变得有些复杂：它是指以一种友善和关怀的精神，留意他人正在受的苦，并且真正渴望帮助、给予或支持他人。

自我慈悲对于获取内在满足非常重要，在我们深陷现实掌掴的余波之中时，需要尽可能获取一切可得的友善资源，但这一点对很多人来说却知易行难。失败、被拒或犯错时，强迫自己以并不认可的方式行动时，认为自己参与制造了现实裂隙时，头脑会很自然地打击我们。这就好像拿出一根棍子狠揍我们一顿，在我们跌倒之后还狠狠踩上一脚。它会说：我们还是不够强大，本来应该处理得更好，或是他人的情况比我们更糟糕，所以没什么可抱怨的。它还可能催促我们抓取些什么，或是干脆离群索居；也可能把我们贬得一文不值，让我们自责不已。

例如，在深爱的人逝去后，头脑可能会让我们陷入自责，理由是我们对他们的爱很不够，没能更多陪伴他们，也没有更多地把爱说出口。有的理由甚至是我们没能阻止他们的死亡！我有一位来访者竟然会对幸免于一次空难深感自责。他的头脑说这很不公平，12位乘客遇难，他却活了下来：这属于典型的“幸存者内疚”(survivor guilt)。(当我儿子确诊自闭症时，我的头脑会责怪说，是我遗传给了他有缺陷的基因。)

即便没有发起自我攻击，头脑通常也会表现得冷酷无情和缺乏关怀，不是帮助我们应对，而是摧毁我们的精神。它可能会说我们根本应付不来，或是生活不值得一过；也可能一遍又一遍提醒我们，生活待我们多么不公；还可能像变魔术一样瞬间召唤出可怕的恐慌情绪，令我们完全不知何去何从。因此，如果能够学会善待自己，我们的日子就会好过得多。我们会感到被支持、安慰和鼓励，而这会让我们在应对现实裂隙时拥有更充分的资源装备。

我很想现在就邀请你尝试自我慈悲。我发现一些男士最开始会拒绝下面的练习，因为他们认为这很“女性化”“脆弱”或是“肉麻”。但是，一旦放下那些评判，他们就会发现这个练习真的很有帮助。

慈悲之手

现在，我邀请你找一个舒适的姿势，能够让自己集中注意力，并保持警觉。假如你是坐在椅子上，可以轻轻往前坐一些，挺直后背，双肩自然下沉，让双脚温柔地触压在地板上。

现在，邀请一个正在与你斗争的现实裂隙到你的脑海中。花一些时间来觉察这个裂隙的特性：回忆发生了些什么，考虑它对你产生了什么影响，思考它可能对你的未来有何影响，并且，留意此刻有什么困难的想法和情绪涌现。

现在，请抬起一只手，想象着它来自一位非常友好、善于关心他人的人。

缓慢而温柔地将这只手按放在你感觉身体最受伤的部位。可能是胸口处感觉最痛，或是头、脖子和胃那里最难受，哪个地方感觉最紧绷，就把手放在哪里。（如果你感觉很麻木，可以把手放在感觉最麻木的部位；如果你感觉既不痛苦也不麻木，那可以就把手放在心窝处。）

允许你的手轻轻地、温柔地栖息在身体上，感觉它与皮肤及衣服相接触的触感，感觉那份温暖正从掌心流入身体。现在，想象身体正在软化这份痛苦：越来越放松，越来越柔软，创造出越来越大的空间。如果你感觉到麻木，那么，就去软化和松解那份麻木。（如果你既不感到受伤，也不感到麻木，那么，就请以任何你喜欢的方式想象着心灵正在开放的奇妙感觉。）

请你极其温柔地抱持着你的痛苦或麻木。就那么抱着它，仿佛它是一个正在哭泣的婴儿、一只呢喃的小狗，或是一件无价的艺术珍品。

请为这种温柔的行动注入关怀和温暖，仿佛你正伸出手来帮助某个你十分在意的人。

就让这份友善从你的指尖流向身体。

现在，请以一种友善的姿势来让双手都参与进来。将一只手放在胸前，另一只放在胃部。让它们温柔地在那里休息，友善地和你待在一起。保持这种姿势，想待多久，就待多久，和自己保持联结，呵护自己，给予自己抚慰和支持。

继续这样做，按照你希望的时间：5 秒钟或 5 分钟都可以。当你保持这种姿势时，就是友善精神的体现，时间的长短并不重要。

大多数人发现这个练习能让自己感到舒适、稳定和安慰。因此，我鼓励你每天多加练习。（显然，不适合在商务会议时进行，最好在私人时间来做！）假如你发现它没有帮助，不妨多试几次，重复练习更容易让你感到它真的很有帮助。

另外，你可以根据情境需要灵活改编这个练习。如果你不喜欢把手放在引导语建议的部位，那么可以用你更喜欢的、能够体现友善的姿势代替：轻抚自己的脖子或是肩膀，按摩自己的太阳穴或是眼皮，轻拍前额或是胳膊，都可以。

假如你经常练习，这个简单的自我慈悲行动就会产生深刻的影响，你可以把它当作“情绪的第一外援”：当你感到受伤时，首先启动这一步。

自我慈悲的两个要素

自我慈悲包含两个主要因素，迄今为止我们只关注了第一个：善待自己。接下来的章节中还会探索更深层次的自我友善，而现在要关注的是第二个要素：和痛苦同在当下。

现在，请留意你的头脑对上面这句话的反应。它是否在说：“但是，我可不想待在痛苦的当下！我要从中逃离！”如果你的头脑有这种反应，这并不意外，这反映出一种对于当下的常见误解。你会发现，当下（也被称作“正念”）涉及一种对痛苦的崭新回应方式，它将极大地减缓痛苦情绪对人的影响，并让我们从痛苦想法的迷雾中重获自由。如果你还是不明所以，希望你能保持耐心，在接下来的几章中，答案会浮出水面。

The Reality Slap

第4章

回到当下

阿里是一位伊拉克难民，曾经在萨达姆·侯赛因（Saddam Hussein）政权时期遭受可怕的折磨。因为胆敢公开批评政府，他入狱数月，看守们在那期间对他的身体进行了惨无人道的伤害。两年之后，他来到我的办公室坐在我面前时，依然会出现有关那些往事的“闪回”（flashback）。闪回是一种栩栩如生、异常真切的回忆，仿佛往事正真实发生在此时此地。如果你从来没有体验过闪回，就很难想象它是多么可怕。

每当阿里试图和我讨论他的牢狱生涯时，都会被闪回劫持：他的身体突然变得僵硬，眼睛呆滞无光，脸色瞬间苍白，同时大汗淋漓。他仿佛被拽回过去，往日的折磨鲜活再现，就发生在此时此刻。因此，在处理其他严重问题之前，我首先要做的就是教会他如何返回当下。

尽管阿里的例子很极端，但它和我们所有人在面临一个巨大的现实裂隙时的情形十分相似。

头脑会用各种各样的方式劫持我们的注意力。与阿里身上的情况类似，它可以把我们拽回过去，再次播放撕开裂隙的痛苦事件；也可以把我们扔向未来，变魔术一般地突然召唤出各种恐怖剧情；它还可以将我们深深推入当前问题的沼泽地，让我们在痛苦、压力和艰难中泥足深陷，难以自拔。例如，在我儿子确诊后的第一周，我被愤怒、绝望和恐惧所笼罩，彻底迷失在诸如“这不公平”“为什么是我”和“假如……”之类的想法里。我对现实感到异常愤怒：老天为什么要这么对待我？我大声咆哮、呵斥生活的不公：怎么能发生这种事？为什么根本就不适合做父母的人都能拥有正常健康的孩子，即便人家根本就不想要孩子？

尽管我们的头脑以这种方式做出回应再正常不过，可这样终究没用。面对现实裂隙，一旦迷失在痛苦想法的迷雾中，就很难做出有效回应。因此，首先要做的就是学会把自己带回当下。我们可以使用一种被称为“联结”的技能帮助自己返回当下。

联结

“联结”（connection）是当下包含的三项核心技能之一。（另外两项是“解离”（defusion）和“扩展”（expansion），我们将会在接下来的几章里介绍。）联结，意味着全然投入到你的经验之中：带着开放和好奇，全然留意此时此刻正在发生的事。

我们将生活看作一幕幕不断变幻的舞台剧。在这个舞台上演出的全都是你的想法和情绪，都是你可以观看、倾听、触摸、品尝和嗅闻的事物。联结，就好像将光束照向舞台，以便看清楚更多的细节：有时，可以将灯光照向某位演员；有时，也可以让灯光照亮整个舞台。

对于有效行动来说，联结正是关键。我们想要做好一件事，无论是跳舞、滑冰，还是演讲、交谈，是把碗碟摆放整齐，还是打牌，无不需要对当前任务保持注意。越是纠缠在想法中，就越难注意正在做的事，行动也就越没有效率。我们的表现也会很受影响，更容易犯错，或是把事情搞砸。其实，我们在日常活动中对此都深有体会，即便没有体验过上千次，至少也经历过几百回。

显而易见，无论面临哪一种现实裂隙（终末期疾病、背叛、肥胖、失去亲人、社会隔绝或是失业），我们都要采取某种行动。因此，如果希望行动更有效率，就需要让自己从想法中脱身，并联结我们周围的世界。下面这个练习正是出于这种意图，我把它叫作“成为一棵树”，自己每天都会练习至少 2 ～ 3 次。当我倍感压力时，就会多做几次。

成为一棵树

想象一棵巨大的树：长长的根茎，深扎于地下；强壮的树干，向高处挺拔；树枝高耸入云。请用这一意象获取灵感，完成下面的步骤。

第 1 步：根茎

无论你是站着还是坐着，请把你的脚安稳地放在地板上。感觉那种脚踏实地的感觉。留意鞋底和地面之间的压力感，以及腿部轻微的紧张感。保持脊柱挺直，肩膀向后背的方向自然下沉。感觉重力沿着脊柱向下“流动”，进入腿和脚，然后进入地面之下。仿佛你正深深扎根在大地里，将自己稳固地“种植”进去。

第 2 步：树干

缓慢地将你的注意力从树根向上转移到树干（恰巧腹部

和胸部也常常被称为身体的“躯干”)。请保留一些对脚和地面触感的觉知，但主要注意你的躯干。坐在椅子上，或是站起来，保持挺直，同时留意你身体姿势的变化。缓慢深长地呼吸，留意胸腔的鼓起和回落。留意肩膀轻柔的起伏与腹部的节奏和变化。彻底清空肺部，然后允许它们再一次充满。现在，扩展你的觉知：同时留意你的整个躯干——肺部、胸部、肩膀和腹部。至少这样进行 10 次呼吸，如果时间充裕，可以做 15 ～ 20 次。

第 3 步：树枝

现在，仿佛这棵树的树枝正在向天空伸展，你也要向周围的世界尽情伸展自己。激活你的全部五种感官，并向四面八方延展：带着好奇留意你能看见、听到、嗅闻、品尝和触摸的一切。保留一些你对根茎和树干的觉知，并且以你的呼吸作为背景韵律，但主要留意环境。感觉你正身在何处，正在做些什么。嗅闻和品尝吸入的空气。留意接触皮肤的五种事物，比如空气和脸相接触的感觉、衬衫和后背相接触的感觉，或是表和手腕相接触的感觉。留意你能够看见的五种东西，注意它们的大小、形状、颜色、明暗和质地。留意你能够听到的五种声音：来自大自然或是人类社会的声音。现在，全然投入到你正在完成的任务中，专心致志。

* * *

“成为一棵树”的练习一般需要 3 ～ 6 分钟完成，具体取决于你在第

2 步做几次呼吸。另外，通常来说，情绪痛苦程度越强烈，需要的练习时间越长。而且，如果你喜欢，也可以将上一章介绍的“慈悲之手”练习加入。可以在练习第 2 步时把一只手温柔地放在身体上，向自己传递善意和温暖。这会为这个练习注入一份自我慈悲。

现在，你很可能发现，任凭怀有多么美好的意图，你的头脑还是会反复将你从练习中带走，甚至在你意识到之前，它已经劫持和绑架了你。（如果没发生这种情况，那么要么是你很幸运，要么就是你对解离已经十分熟练。）在接下来的章节中，我们会看看头脑如何运作，以及为何如此，并探寻应对策略。

同时，请你每天坚持练习，最好进行 2 ～ 3 次。即便起初看似没变化，但贵在坚持不懈。随着时间的推移，它将会给你带来莫大的好处。假如你的头脑对结果已毫无耐心，那不妨想想下面这句话，它出自苏格兰作家罗伯特 · 路易斯 · 史蒂文森（Robert Louis Stevenson）：

> 是日倏忽而逝，不论收成几分，且问耕耘几何？

第5章

主人之声

你能听见它吗？你头脑里的那个声音？那个其实从来没有停歇过的声音？有一种十分流行的误解，认为从某个角度来看能够“听到那个声音”的人是不正常的，可问题是，我们都曾听见过自己头脑里的那个声音啊！而且，大多数人听到的还是好几个声音！例如，人们常常陷入一种内在的心理辩论，辩论双方是“理性和逻辑之声”与“消沉和忧郁之声”，或是“复仇者之音”和“宽恕者之音”。另外，我们都非常熟悉的自我评判的声音，通常被称为“内在的批评家”。(有一次，我问一位来访者：“你听说过‘内在的批评家’吗?”“是的”，她回答，“我的头脑里还有个批评家协会呢!”)

显然，思考能力极有价值，为提升人类的生活品质做出了巨大贡献。假如不能思考，那我们就既不能创造，也无法享受书籍、电影、音乐和艺术带来的乐趣，更不要说沉浸在快乐的白日梦中，规划未来，或是和所爱的人交流感情。但是，我们的大部分想法是没用的。试想，连线你的头脑，在接下来24小时里，把你所有的想法都记录在一张纸上。然后，请你读读这些记录，标记那些真正有助于你应对现实裂隙的想法，你觉得会占多大比例？

对大多数人来说，这个比例会很小。头脑很可能拥有它自己的想法：从早到晚喋喋不休，畅所欲言，却极少关心它说的是不是真正有帮助。头脑特别喜欢沉浸于过去的痛苦、担忧未来，或是困在此刻的现实裂隙中。而且，即便它一定会说些完全没用的话，可还是有本事立刻把我们吸引到它胡编乱造的故事中。

继续探索之前，我先要澄清我用“故事”这个词到底是指什么，因为我在和来访者说到这个词时，时不时就会有人感到被冒犯。“这些可不是故事（stories），”对方很容易提出抗议，“这些都是事实（facts）！”我一般会这么回应：“很遗憾你感觉被冒犯，但我说的‘故事’是指能够传递信息的一连串词语或画面。我可以用更常用的词语‘想法’，或是更专业的词汇‘认知’。但是，把它们称作‘故事’会更加有助于高效处理。你会发现，头脑一天到晚讲述各种故事。如果它们是‘真实的故事’，我们称之为‘事实’，但‘事实’只占所有想法的极小比例。我们的想法包括各式各样的主意、观点、评判、理论、目标、假设、白日梦、幻想、预测和信念，这些都很难说是‘事实’。所以，‘故事’这个词并不是在说‘想法’是错的、不准确或无效的，它只是一种描述方式，重在强调‘想法’只不过是传达信息的词语或画面而已。”

在本书中，我还是经常使用“故事”这个词，不过，如果你不喜欢，可以在头脑中将其替换为专业词汇“认知”，或是平常惯用的词语“想法”。

现在，请考虑一下：你的头脑会多么频繁地用那些引起内疚、恐惧、愤怒、焦虑、悲伤、失望或是绝望的故事，让你在夜晚辗转反侧，或是消耗你白天的大把宝贵时间？它会多么经常地把你拖到责备、愤恨、担忧或后悔的故事中？它会多么轻易地就让你感到压力巨大、紧张、愤怒或焦虑，然后给自己火上浇油？

如果你对这三个问题的回答是“很频繁”，这就表明你的头脑很正常。是的，我的确在说“正常”。这就是正常人类头脑自然会做的事情。东方哲学洞悉此道已有千年，但不知何故，在西方世界，我们会认为头脑的这种运行方式不正常，而且对此深信不疑。这很不幸，因为这会启动我们和头脑的无谓之争，或是引发我们对自己思维方式的尖锐批判，而这些做法同样徒劳无功。因此，我鼓励你采用一种不同的视角。不妨将头脑看作“故事大王”，它们根本不关心那些故事会不会有帮助，而只是竭尽所能想要吸引我们的注意力。

你是否见过那幅很著名的画？它是一个著名唱片公司“主人之声”（His Masters’ Voice）的商标图案。那幅画中有一只白色的小狗，名字是“尼珀”，它正万分着迷地聆听一台上了发条的老式留声机，播放的是一张有它已故主人声音的唱片。尼珀深深沉迷在那个声音里，它的头直接耷拉在留声机的大喇叭上。其实，我们也有点像那只小狗，头脑喋喋不休，吸引了我们全部的注意力，而我们和那只小狗的区别在于，小狗很快就会厌倦那个声音，它会发现那个声音什么都不能给它，然后就跑开做些更有趣的事。但是，对于我们自己的头脑，我们通常不会丧失兴趣。纵然已经听过“头脑唱片”成千上万次，而且越听越感觉自己很悲惨，可我们还是很容易对它着迷。

心理迷雾

我们有很多种方式谈论人类这种“被想法吸引”或“被想法抓住”的倾向。我们可能会使用一些丰富多彩的比喻，比如“他在千里之外”“她正云里雾里”“他迷失在想法中”。或者，我们可能会谈论担忧、思维反刍、往日重现、压力巨大、穷思竭虑或是心事重重。

基本上，人类这种独有的、极其宝贵的思维能力让我们在迷雾中徘徊，沉浸在我们的思维中，错失此刻的现实生活。

当然，身处迷蒙烟雾中也并不一定是坏事。植物熏香令人舒适放松，篝火旁的烟雾缭绕令人兴奋愉快。但是，烟雾如果变得过于浓烈会怎样？你会开始咳嗽，也会涕泪交加。而且，随着时间的推移，如果你继续在浓烟中呼吸，就会伤到肺。

与之类似，我们也会在某时某地被自身的想法完全吸引，而且，它们对生活很有帮助：躺在海滩上做春秋大梦，在头脑中预演一次重要演讲，琢磨一个项目的新思路，等等。只是，大多数人很难平衡这个尺度：我们花费太多时间在头脑里，整日游荡在乌云密布的“心理迷雾”中。

而且，没有什么会比一个巨大的现实裂隙更能加剧这种迷雾。我们“得到的”和“想要的”这两者之间的差距越大，头脑的抗议就越强烈。我们会爆发出没完没了的无益想法，比如，开始否认：“这不可能”；变得愤怒：“这不应该”；陷入绝望：“我应付不来，从来就没搞定过这种事”；或是因深感不公而备受折磨；也可能会比较自己和他人的生活，然后发现自己缺少很多，想要更多；还可能幻想出所有最糟糕的情景。之前提到过，这种思维方式十分正常，只是没什么实际帮助。

但是，继续深入讨论之前，我需要澄清一点：我们的想法本身并不是问题。想法并不会制造心理迷雾，是我们对想法的反应方式制造了心理迷雾。

我们的想法只不过是脑海中的词语和画面。你不必相信我说的，完全可以亲自验证。现在，停下阅读，接下来的一分钟，闭上眼睛，留意想法。它们出现在了什么地方？是活动的还是静止的？是类似画面、词语还是声音？（有时，当你试着这么做时，头脑会很害羞，想法都消失不见了。如果是这样，你可以只留意那个空荡荡的空间以及头脑的静默，并且耐心等待，它迟早会带着新鲜出炉的想法卷土重来，即便只是一句："我还是没有任何想法！"）

* * *

你留意到了什么？假如在开始时头脑一片空白，你会留意到一个空旷空间，充满静默，但最终还是会出现一些想法。也可能是一些词语和画面，或者兼而有之。（如果你留意到在身体上出现一种感觉或情绪，那它们恰恰就是一种"感觉"或"情绪"，请不要和"想法"混淆。）

如果我们允许这些词语和画面自由来去，让它们在觉知中匆匆经过，仿佛鸟儿飞过天空，它们就不会制造问题。但是，如果我们紧抓不放，拒绝让其离开，这时它们就会化身迷雾，把我们从生活中劫持。

一旦我们陷入迷雾中，一切细节都会变得模糊不清，生活也失去了丰富多彩。身陷迷雾让我们无法享受甜蜜。迷雾尽头可能是生活中的最爱，也可能是世界上最精彩的演出，而我们却无缘看到。

如果你曾陪伴某个严重抑郁的人（在生命中的某些时刻，这个人或许就是你自己），你就会了解那层层乌云是多么难以穿透。在我们的社会中，抑郁者的情况很典型，他们身边从来不缺少可以改善和丰富生活的各种机会，可他们却熟视无睹，时刻陷入迷雾，感到窒息和绝望。（当然并不总是如此，但通常来说会是这样。）

我再说个自己的例子。大约在我儿子首次确诊不久的一天傍晚，我很想静一静，于是驱车前往海滩。行车途中，我开始想象宝贝儿子的未来生活，头脑中唤起令人不快的各种情景：精神迟滞、被拒绝、被嘲笑、被欺负、被欺骗、被孤立，成为被社会遗忘的人，所以，等我落脚海滩时，仿佛置身噩梦。之后，我沿着海滩散步，心情越来越糟糕。噩梦持续大约半个小时，突然间，我倒吸一口凉气。我停下脚步，深感平静，以敬畏的目光注视着平生观赏过的最为壮丽的日落景色。太阳消失在地平线下，天空仿佛刚刚喷发过的火山：深红色、绯红色、金色和橘色的云彩，热烈喷薄，纵情绽放。我只是站在那里，凝视片刻，默然无语，很难相信刚才因为陷入思绪竟然险些错过这个美轮美奂的变化过程。

心理迷雾有很多种不同形式。身处浓烟重雾中，我们不仅错失良多，也会变得笨拙迟缓。烟雾越是浓重，就越难看清航线，越难超越障碍、迎接挑战。在 ACT 中，形容这种状态有一个专业词汇——“融合”(fusion)。这就好比是很多大块的金属融化在一起，我们和自己的想法也融化在一起。在融合状态下，想法会对我们产生巨大的影响：它们被看作绝对真理，必须遵从的命令、必须除掉的威胁，或是必须全然关注的事。

不过，一旦我们和想法解离（defuse)，它们就会威力顿失。解离是指我们和想法分离，看穿它们的本质：不多不少，只是一些词语和画面。在解离状态下，想法可能是真的，也可能不是真的，但无论真假，我们都无须遵从，无须全然关注，也无须视为威胁。在解离状态下，我们只是简单地在想法中“退后一步”，从中“解扣”。如其所是地看待它们，只是一些词语和画面，然后，允许它们就那么存在。松开紧抓不放的想法，允许它们自由地到来、停留和离开。

同时，如果想法真有帮助，能够帮助我们友善和慈悲地对待自己，澄清价值，制订计划，采取有效行动，从而能够在实践中令生活更加丰富美好，那么，当然可以充分利用这些想法。我们不能受想法的控制，却可以由想法来引导。用这个方法时，我们很少在意想法的真假，而是对想法有没有用更感兴趣。如果我们紧抓想法或是被其紧抓，让想法牵着鼻子走，听从想法的命令行动，对我们适应和充分利用当前情境是否有帮助？对我们按照理想自我的方式行动是否有帮助？如果真有帮助，就利用想法；如果没有帮助，就与想法解离。

留意的艺术

我们已经练习过解离的第一步：留意（noticing）。留意我们正深陷迷雾，迷雾即刻消散。你会发现，当我们和想法完全融合时，甚至都意识不到自己正在思考。真实的迷雾和心理迷雾的区别在于，在真正的大雾天气里踯躅而行，我们很清楚正在发生的事情：呼吸困难，前路模糊，方向不清。但是，当我们迷失于心理迷雾时，自己却常常觉察不到。例如，我们可能陷入担忧、愤恨的情绪，或是花好几个小时思考自己面临的难题。（你有没有类似经历：你一直在开车，但一直思绪万千，以至于对沿途风景完全没印象？或者，你在读某本书的某一页，读到最后却完全不记得读了些什么？）

因此，解离的第一步就是留意我们正在与想法融合。（或者说是迷失在想法中，完全被想法吸引和占据。）这就仿佛你突然间看了镜子里的自己一眼，对自己的模样感到惊讶；在一次旅行中，突然从自己的思绪中跳跃出来；或是你在和他人的一次交谈中，偶然发现自己没有在听，对于对方所说的一无所知……就是这样一些“啊哈”的时刻，你仿佛被温柔地推了推，或是从一次小憩中猛然醒来。

留意融合，即可解离——回到当下，不再恍惚。解离远不止于此(本书后面还会讨论)，但是，留意自己的融合，是解离的第一步。因此，我邀请你每天练习，观察自己能否经常解离。能否发现自己何时何地更容易陷入迷雾中：是在私家车里？是在骑行时、工作时，还是赖床时？是在晚餐后、和孩子玩耍时，还是在洗澡或是和同伴交谈时？以下哪种类型的迷雾更容易让你深陷其中：忧心忡忡、愤愤不平、白日做梦、责备归咎、自我批评、祈愿思索、纠缠难题、昨日恐怖、糟糕未来，还是想到你的日子已经所剩无多？

同样，也请留意哪些生活事件最容易引发迷雾：一次争吵，开车时被人夺路，遭到拒绝，遇到失败，被不公或轻慢对待，临近截止期，获得很棒的机会，看到某人脸上的某种特殊表情，听到挑衅性的评论，得知好消息，得知坏消息，聆听一首歌曲，欣赏一部电影，观看一张照片，或是提及某个心爱的人？

当你终于走出重重迷雾时，请留意你身在何处，正在做什么，并且确认你刚刚在生活中错过了什么。

刚刚意识到自己把大量时间浪费在迷雾里时，大多数人会深感吃惊。而且，头脑还会继续针对这种情形添油加醋，不会放过我们："哦，真是难以置信，我竟然又陷入迷雾，我到底是哪儿出问题了？为什么我总这样？为什么我不能解脱？"只要我们一不留神，很容易就会和这一大套"我不应该融合"的想法相融合！多么诙谐！当我们发现自己和那只聆听主人声音的小狗一模一样时，能不能也自嘲一番？

The Reality Slap

第6章

按下电影暂停键

威廉·莎士比亚（William Shakespeare）常被引用的一句话是：世事本无好坏，皆因思想使然。当今流行的很多心理学方法也都持有这种普遍的信念：我们的想法在某种程度上能够左右事情的好坏，因此，这些心理学方法鼓励你和头脑中的声音开战，支持你挑战那些“消极的”想法，与之争辩或是证明其无效，并用“积极的”想法取而代之。这些主张当然很诱人，也很符合常识：把“坏的”想法踩在脚下，用“好的”想法取而代之。但问题在于，一旦向自身的想法开战，我们就永难胜利。因为总会有无穷无尽被称为“消极的”想法蜂拥而至，没有人能够彻底消灭它们。

是的，我们都可以学习更加积极地思考，但是，那样做并不能阻止头脑继续生产各种痛苦无益的故事。这是因为，学习积极思考就像学习说一门新外语：假如你开始学习“斯瓦西里语”(Swahili)，你也并不会突然就忘记怎么说英语。

因此，如果我们应对那些“消极”故事的唯一方式就是与之战斗——向它们发起挑战，分辨它们的真假虚实；努力证明它们不是真的；尝试推开和压抑想法，或者转移注意力——那必将苦不堪言。原因在于，这些很受欢迎且符合“常识”的策略都需要花费大量时间、精力，投入很多努力，而这些策略对大多数人来说在很长一段时间内不会真正有效。想法或许片刻消失，但如同恐怖片中的僵尸，它们很快会再次现身。

不过，好在我们还有一种通常来说更有帮助的备选方法。我们可以学习和想法分离，把自己和想法“拆散”，或是从想法中“脱钩”。学习允许想法来来去去，仿佛门前的车水马龙。如果此刻你正待在临街处，不妨开放耳朵，试试能否听到车来车往的声音。有时交通堵塞，有时不会。但是，如果我们竭力想让已经发生的交通堵塞停止，会怎样？能做到吗？能够让它神奇地消失吗？并且，假如我们对外面的情况愤愤不平，于是在房间里来回踱步、大声咆哮和胡言乱语，这些能帮助我们和交通堵塞这件事和平共处吗？如果我们允许这些车辆来来去去，并且把注意力转向更有用的事，日子会不会好过点儿？

再设想一下，一辆非常吵闹的“老爷车”正缓缓驶过你家门前，引擎发出轰隆隆的噪声，好像马上就要熄火了，车里传出高亢喧闹的音乐声。你向窗外望去，看到那辆布满灰尘和有丑陋涂鸦的车子，发现车里是一群高声吵闹的男孩，放浪形骸，污言秽语。此时，你做些什么好呢？是跑到屋外对车子大喊：“滚开，你们无权在这里！”然后，一晚上沿路巡视，确保那辆破车不再回来，还是努力让那种车以后都离得远远的，祈祷老天爷帮忙让你房前只有美丽的车子经过？

其实，最简易的办法就是允许那辆车来了又走，它经过时，承认在这一刻它出现了。然后，允许它按照自己的节奏路过和离开。同样的策略也适用于我们的想法。通过练习，我们就能学会承认此刻出现的想法，允许它们按照自己的节奏经过和离开，不用陷入其中，也没必要挑战它们。

与想法相分离的能力对安处当下来说十分关键。我在上一章中曾提到，这个过程在 ACT 中叫作“解离”，第一步就是留意我们被想法所吸引。真正尝试“解离”，你会发现它不像听起来那么容易。问题就在于，头脑非常擅长将我们带入它编织的故事。这一点或许你也有体会，放下一本引人入胜的小说有多么难，为观赏一半的精彩影片按下暂停键有多么难，而通常在我们内心上演的故事往往同样引人入胜。事实上，我常常将头脑比喻成催眠大师，它擅长用巧妙的语言将人催眠。然而，就像学习每种新技能一样，只要勤加练习，解离能力就会提高——随着时间的推移，解离会变得越来越容易，特别是当你学习了本章的小技巧之后。

先来仔细看看解离的第一步：留意。在这一步，需要同时留意两件事：

a）我们的头脑正在做什么；

b）我们正如何对它做出反应。

换言之，留意我们此刻的想法，并且留意我们和想法的融合程度。并不存在非此即彼的确定状态，不会有绝对的融合或解离。这些心理状态是连续的，并不是非黑即白，而是处在中间的灰色地带。我们可能非常融合或仅有轻微融合，可能极度解离或只是略有解离。总而言之，一个想法对我们的作用和影响越小，我们就越认为这是“解离”。反之，想法的作用和影响越大，就越认为是“融合”。

当你花时间留意头脑正在做什么，以及你正如何对它做出反应时，这就有些类似按下 DVD 播放机的暂停键。那一刻，你中断了故事，可以趁机环顾四周，做些你需要做的事。问题是，如果仔细探究这个比喻，就会发现它不再那么恰当。按下“电影暂停键”，画面就会定格，除非我们想继续观看。但是，按下“注意力暂停键”，不再留意头脑，想法顶多保持不变半秒钟，词语和画面就会再次出现。我相信你能抓住重点：按下“电影暂停键”，我们就不再“投入故事”，可以退后一步，看到它的本来面目，只是屏幕上的一些声音和画面；按下“注意力暂停键”时，也会发生类似的情形。

现在就来尝试一下，在读完这一段时把书放下，暂停 30 秒左右，带着好奇留意头脑正在做什么。它是在保持沉默，还是在制造一些新的词语或画面？没准它正在提出抗议“这实在是愚蠢透顶”“什么都没有出现”。

* * *

你留意到了什么？头脑有些话要说，还是保持安静？如果想法停了下来，那很幸运。头脑完全放空的时刻极其罕见，尽情享受吧！更常见的是，如果我们暂停一下，留意头脑，就会发现它非常活跃。然后，进行解离的第二步：为头脑活动命名。例如，默念“思考”，也就是将这个过程命名为“思考”，会帮助我们后退一步，与头脑中的话语拉开一些距离。

“思考”这个词在用来概括各种头脑活动时都非常好用，但是，有时说得具体些会更有帮助。例如，留意到自己完全陷入事情会越来越糟的想法中，可命名为“担忧”；如果在回顾陈年冤屈或是他人对我们的苛待，可命名为“责怪”或“愤恨”；如果迷失于幻想中，可命名为“白日梦”；如果是反复琢磨眼前的难题却一无所获，可命名为“思维焖烧”或“思维反刍”；如果是痛苦记忆再现，可命名为“回忆”。

留意之后就去命名，基本上能帮助我们在自己和自己的想法之间创造更大的空间。试想，你刚刚从骇人的噩梦中惊醒，首先要做的是留意自己醒来，此时此刻正在卧室；接下来要做的是为这个经验命名：“这只是一个梦。”这么做会让你更加清醒，梦魇逐渐远去，目之所及是自家卧室。

不过别忘了，不用把命名看得过于严肃，你完全可以用各种风趣诙谐的方式为头脑的活动过程命名。不妨带点幽默感，自言自语，“哦！我又云里雾里了”“谢谢你，头脑，这可真是一个有趣的故事”，或者“怎么又是那个老掉牙的电影”。我们也可以说，“故事开讲”“故事时间”或者“啊哈！我以前听过这个故事”。

用这种方式回应想法时，我们并不在意想法的真假，而是关心：“这些想法有帮助吗？如果紧紧抓住这个故事，泥足深陷或任其摆布，有助于我成为我想成为的人吗？能帮助我完成想要做的事吗？有利于我更适应和改善情境吗？”

如果答案是“不会”，就提示我们需要让自己从故事中脱钩，退一步海阔天空：暂停、留意并命名。留意并如其所是地看待想法：它们只是正好路过的一连串词语和画面。

你还可以把“命名故事”这一步向纵深推进。想象自己将要写一本书，或是制作一部纪录片，主题就是你现在面临的现实裂隙，可以把自己所有的痛苦想法、情绪和回忆全都放进去。然后想一个以单词“那个”（the）开头，以单词“故事”（story）结尾的名称。例如，“那个‘我的生活完蛋了’的故事”，或是“那个‘衰老而孤独’的故事”。这个名称需要：

a）能概括这个问题；

b）承认这个问题给你的生活造成了很大的痛苦。

请注意，这个名称不能显露出对这个问题的轻视或是嘲讽。如果你喜欢，可以取个幽默的名称，但不要让它带有讥笑、贬低和轻视的感情色彩。（因此，假如你在练习这个技术时感觉到轻视和贬低，并因此做不下去，就需要换个名称。）想到合适的名称后，就可以借助它来完成命名过程了：只要冒出关于目前现实裂隙的任何想法、情绪或回忆，就留意并命名。例如："啊哈！又是它！那个'后进生'的故事。"

数年前，有一位人到中年的心理学家，名叫内奥米，她来参加我的工作坊。上午茶歇时，她向我吐露自己患有恶性脑肿瘤，尝试过一切例行医疗手段和其他疗法。（比如，冥想、祈祷、信仰治疗、心想事成疗法、顺势医疗、各种食疗、草药、积极心理学和自我催眠，等等）但是，令人难过的是，肿瘤无法治愈，而且来日无多。她来参加工作坊，就是希望能帮助自己面对恐惧，并且充分利用所剩无几的生命时光。她告诉我，她很难保持对工作坊内容的专注，而是一直被有关死亡的想法"钩住"：她会不停地思念自己所爱的人，考虑他们在她离开后会有什么反应；她也不断"看见"自己的 MRI 扫描影像显示肿瘤在增长和扩散，已经弥漫全脑；她一直沉浸在对疾病恶化的想象中：瘫痪，昏迷，然后死去。

如果确实患有终末期疾病，显然，考虑要做些什么会很有帮助：还有什么愿望，希望举办什么样的葬礼，想对爱的人说些什么，选择哪种临终关怀方式，等等。但是，如果你已经来到个人成长工作坊，在此时此地还和那些想法融合，这就毫无帮助。因此，我以关心和慈悲的态度倾听了她的诉说，接下来首先承认她非常痛苦，对她的恐惧表达共情，我也觉得遇到这些事真的让她处境艰难。然后，就说起要为这个故事命名。（如果我直接跳入解离的第二步，她很可能感觉失望或忽视，那种感觉就好像我在尝试"修理""挽救"或"治疗"她，而不是真正理解和关心她艰难而痛苦的处境。）最终，内奥米给这个故事命名为"那个'恐怖死亡’的故事”。

接下来，我邀请她练习随时说出这个故事的名字，每当她发现这个故事又卷土重来，或是意识到自己又上钩时。她练习得十分投入，在工作坊第二天午餐时，就已经能从那些恐怖想法中获得相当程度的解离。就可信程度而言，这些想法并未改变（她还是认为它们都是真的），但是，她现在已经能够允许这些想法自由来去，把它们看成门前来来往往的车辆，然后将精力投入到工作坊中。

留意并命名想法，通常足以阻断想法对我们的控制，尽管并不总是如此。有时，我们需要加入解离的第三步，我称之为“削弱”，大体上就是针对想法做些工作，“削弱”它们的影响力。这些做法能够帮助我们看到想法的真实特性，看穿它们不过是一些词语和画面。削弱技术包括以一些流行歌曲的曲调默默地唱出想法，用不同的声音对自己说出想法，以泡泡的形式画出想法，想象着把想法投影到电脑屏幕上观看，想象着从卡通人物或是历史人物的嘴里说出你的想法，等等，还有更多其他的技巧。本书的附录A会提供这样一些练习，如果你需要关于解离的更多帮助，可以在继续往下读之前先去翻看附录。

我们无法阻止头脑中那个讲故事的声音，但却可以学习用行动将其捕获。我们还可以学习选择“回应”那个声音的方式：邀请有帮助的故事引导我们，让没有帮助的故事自由来去，仿佛风中的片片落叶。

The Reality Slap

第7章

活着，放下

纵观历史，人类已在呼吸和灵性之间建立起一种强大的联结。例如，“spirit”和“inspire”这两个词来自拉丁语 spiritus，它有两个意思：“灵魂”和“呼吸”。与之类似，在希伯来语中，单词 ruah 的常用释义是“呼吸”或“风”，同时还有“灵魂”的意思。同样，希腊语 psyche，即 psychology 和 psychiatry 这两个词的词根，也有多重含义：“灵魂”“精神”“心智”或“呼吸”。

如何解释呼吸和灵性之间存在的强大关联呢？确实存在很多影响因素。

第一，也是最重要的，在呼吸和生命之间存在明显的联系。只要你还在呼吸，你就还在活着——这意味着，我们总有些目的明确的事可以做。

第二，呼吸练习通常使人感到平稳或放松，帮助我们获得内在的安宁，让我们能够在情绪风暴的中央找到一处安全的平复之所。

第三，可以运用呼吸把自己锚定在此刻。每当被想法和情绪席卷而去时，就可以专注于呼吸，让自己安全着陆，恢复和此时此地经验的联结。

第四，可以将呼吸作为一种有关“放下”的隐喻来自我服务。我们每天从早到晚都在呼吸，而且大多数时候都无须努力控制呼吸，只是顺其自然，任其自由来去。不过，假如出于某些原因，我们要试着憋气，就会发现根本坚持不了多久。憋气时，很快就会感到紧张，体内压力剧增，出现各种不适。继续呼气时，则会感到即刻和深沉的放松。

之后的章节中还会深入探讨这些因素，目前，还是聚焦于呼吸，练习放下。接下来，我邀请你尝试一个小练习。你可以边读边做，也可以先读引导语，然后把书放下练习。

一次吸气、憋气和呼气

请缓慢地进行一次深深的吸气，让你的肺充满空气，然后，屏住呼吸。

屏住呼吸，能坚持多久，就坚持多久。

请留意，当你把呼吸困在身体里时，那种压力是如何渐渐累积的。

请留意，你的胸口、鼻子和腹部正在发生什么。

留意紧张感的累积和压力的增加。

留意你的头、脖子、双肩、胸口和腹部这些地方正在变化的感觉。

然后，继续屏住呼吸。

保持憋气的状态。

留意那些感觉怎样变得越来越强烈和令人不悦，你的身体正在怎样竭尽全力让你呼气。

观察身体上的那些感觉，仿佛你是一个充满好奇心的孩子，之前从来没有参与过这项活动。

当你再也无法憋气时，请以前所未有的温柔态度缓慢地呼气。

呼气时，充分体味这份经验。

对呼气带来的简单快乐满怀感恩。

留意这个“放下”的过程。

留意紧张感的释放。

留意肺的收缩和双肩的下沉。

对“放下”带来的简单快乐满怀感恩。

* * *

你在刚才的体验中有什么发现？心中会不会涌出一份感恩之情？有没有留意到一种“着陆”的感觉，一种能够让自己稳居中心的感觉？或是出现一种平静和稳定的感觉？

在日复一日的生活体验中，我们是多么频繁地执着于某些事，冥顽不灵地拒绝放下？我们死守着陈年旧痛、嫉妒怨恨和委屈不满；紧抱着无益态度和歧视成见，陷在别人的责备和不公的议论中；坚持自限性的信念，对往日的失败耿耿于怀，并且不断沉浸在痛苦的回忆中；怀抱着对自己、他人和世界不切实际的期待；纠缠于有关“对与错”“公平与不公平”的故事，并被拉扯进与现实的无谓之争中。

那么，如果我们更善于“放下”，会是怎样的情形？松开紧抓的手，不再深深地执着；让自己不再深陷于焦虑、失望、批评、评判、怨恨或是责备中，并用呼吸提示自己“放下”。这样做对我们的关系、健康和活力有何影响？

现在，我邀请你尝试另一个练习，它比上一个练习更容易一些。

深呼吸一次，坚持数到三

深深地吸一口气，坚持数到三。

尽可能缓慢地让空气离开你的肺。

呼气时，任双肩下沉，感觉肩膀向后背方向自然下沉。

再次留意那种释放的感觉。

对呼气带来的简单快乐心生感恩。

留意“放……下……”到底是怎样的感觉。

我建议你每天规律练习，观察它的作用。当你深深执着于某事时，感觉到自己很受伤、气愤或自责，并且正在被这些消耗，请尝试这个练习。仅仅是做一次呼吸，完成吸气、憋气和呼气的过程。很多人还发现，在这个过程中，默默对自己说诸如“放下”之类的话语可能会很有帮助。

假设你正在反复琢磨与同伴间的争执，在脑海中回放老板在工作场合对你的批评，对孩子大发雷霆后感到深深自责，或是陷入抱怨生活不公的泥潭不能自拔……所有这一切都属于“深深的执着”。毋庸赘言，你也清楚这些对你没有帮助，只会让你压力剧增、活力殆尽。所以，当你发现自己又在执着时，接下来要做的很简单：深呼吸一次，坚持数三下，然后，非常缓慢地，放……下……

第8章

第三条路

我在飞机上写这一章时，碰到一件奇怪的事。坐在我后面的男士要求我把座位往前挪，理由是他想在手提电脑上写东西，而我的座位挤占了他的空间。于是，我和他解释说，真的很抱歉给他带来不便，可是我之所以把座位往后挪，是为了给自己留下更大的空间，以便我也能在电脑上工作，然后，我非常礼貌地建议他也这么做。但是，他并不喜欢这个主意，再次要求我把座位前移。我发现他的座位旁边有空位，就建议他坐到那边去。“不，谢谢”，他说，“我就想靠窗坐。”我回答：“那好吧，很抱歉，我也就想像现在这样靠后坐，这是我的权利。”这句话激怒了他，他说道：“权利是吧？好啊！那我也有权利让我自己舒服，对不对？”然后，他就使劲弯曲膝盖，顶着我的椅子靠背。当时，我在权衡怎么做：他是个大块头，年轻力壮，我惹不起他，也不想继续激怒他。

同时，我也不想在他的恐吓下就范，真的往前挪动座位。于是，我对自己说，我需要做的就是安然度过这几分钟。毕竟，与对我的影响相比，他这样用膝盖连续重击椅子会更难受。而且，如果他一直这样，我可以呼叫空乘来解决。于是，我调整椅子靠背的位置，让他的撞击影响最小，然后继续在电脑上工作。

起初1分钟左右，他的撞击真是令人心烦，但是，当我完全投入写作时，这些就渐渐隐退到了背景中。而且，正如我期待的那样，几分钟后，他逐渐平静下来。然后每隔5分钟左右撞击几下我的靠背，提醒我他还是很生气。由于他的旁边是空位，而且他这么做时一直小心翼翼，所以空乘并没有留意，我猜其他乘客也都没注意到。

随着时间的流逝，我开始觉得这些发飙的情形其实相当有趣，起初，感觉有趣是源于我的“自负”姿态：在那个时刻，我瞧不起他，似乎从某种程度上来说，我更有优越感。我在想，他就像一个被宠坏的孩子，稍不顺心就火冒三丈。但过了一会儿，当我意识到自己也会这样时，就没办法再故作高明。我也经常大发雷霆，即便不会诉诸武力，也会突然对自己所爱的人大吼大叫，如果事情不如所愿，我就会闷闷不乐，或是坐立不安。还记得当我儿子确诊为自闭症时，我有多么愤怒，多么痛恨现实。而当我再也承受不了的时候，就会将满腔怒火发泄到我太太身上，批评、评判和责怪她（仿佛这一切都因她而起，仿佛她不是如我一般伤痕累累）。

难道我们自己不是有时也会乱发脾气吗？评判别人孩子气、被宠坏了或批评别人攻击性太强，这些很容易，但说实话，我们自己内心同样住着一个小孩，他很想为所欲为，一旦不能如愿，就会表现得十分幼稚。

获此洞见，我觉察到，当我们被愤怒或失望的想法紧紧抓住时，会变得很不开心，接下来通常会感到很不舒服。因为一旦意识到自己刚刚表现得多糟糕，就会内疚、窘迫，甚或对自己很生气。想到这一点，我开始对身后那位男士心生同情。显然，他刚才正在受苦，这种情形对他的伤害一定远胜于我。

他用膝盖顶我的椅子靠背这种间断性的发作，大约持续了20分钟才真正停止。又过了10分钟左右，发生了一件美妙的事。后边那位男士把头埋在我的椅子靠背上，说道："老兄，我真抱歉。我不知道刚才都做了些什么。"他怒气尽消，露出一种可爱而温柔的神色。"实在太丢人了，我今天过得糟糕透顶，然后把满腔怒火都撒给了你。真是对不起。"接下来，他把手从座椅间伸过来，想和我握手。

"没关系，兄弟，"我说，同时紧紧地、温暖地握住了他的手，"其实我真的要感谢你。"

"为什么这么说？"他问。

"嗯，我刚才正在把你的故事写到我的书里，这本书几个月后就要出版——而此时此刻，你给了这个故事一个完美的结局。"

"老兄啊，"他眉开眼笑地说，"那可真是太棒了，我也就放心了。"

并非每次遇到这种事最后都会有完美的结局，是不是？显然，那位男士起初完全陷入了迷雾，请留意他的说法："我不知道刚才都做了些什么。"然而，当他后来返回当下时，就完全能意识到错误并做出弥补。不幸的是，日常生活中很多事并不会朝这样的积极方向转变。很大程度上是因为：在成长过程中，我们并没有被教导如何有效处理强烈的情绪。大多数人直到成年，处理痛苦情绪都只有两种方式——要么控制，要么被控制。

控制还是被控制

在刚刚出生、蹒跚学步和幼年阶段，我们在很大程度上被自身情绪所掌控。恐惧、愤怒、悲伤、内疚、失望和焦虑，一切情绪都能把孩子驱使得团团转，仿佛受遥控器指挥的机器人。如果生气，就会大喊大叫、猛踢乱踹或是狠狠跺脚；如果害怕，就会躲藏、哭泣或逃跑；如果伤心失望，就会低声啜泣、痛哭流涕或是号啕大哭。

幸运的是，作为成年人，我们不会再那么轻易地被情绪控制，这样很好。如果我们总是受控于情绪，就会陷入大麻烦。试想，假如你任由恐惧、愤怒、悲伤和内疚摆布，听凭驱使，举手投足完全就像个孩子，生活对你而言将会多么艰难？

当然，就像飞机上那位男士一样，我们有时也会被情绪接管而乱发脾气，被恐惧裹挟，被悲伤吞噬，被内疚击溃，或是突然就蹿起一阵无明之火。不过，幸运的是，发生频率要比孩童时期低得多。(至少，对大多数人来说是这样)。这是因为，随着年岁渐增，我们学会了各种控制情绪的方法。

例如，我们学会了通过食物、音乐、电视、书籍或是游戏让自己从不愉快的情绪中分心。随着我们渐渐长大，可用的分心物也越来越多：锻炼、工作、学习、爱好、网游、电邮、音乐、运动、酒精、园艺、遛狗、烹饪、跳舞，等等。

我们还学会了回避那些最可能触发情绪的情境，以便逃离不愉快的情绪，换言之，就是学会远离那些感到难以应对或颇有挑战的人、地方、活动和任务。

然后，我们就会发展出很多思考性策略，有时确实能帮助我们舒缓痛苦的情绪。你很可能用过一些，比如：

- 建设性地解决问题
- 列出清单
- 换个视角看待处境

- ○责备或批评他人
- ○强力捍卫你的立场
- ○积极地自我肯定
- ○对自己喊一些鼓舞士气的口号，比如“这会过去的”，或“不能杀死我的必将使我更强大”
- ○轻视问题，或者假装问题并不重要
- ○将自己和那些处境更糟糕的人相比较

最后，一项常用策略就是：把能找到的一些东西都塞进身体，不管是巧克力、冰激凌、比萨饼、烤面包、茶、咖啡、酒精、烟草还是处方药，但这些通常只能暂时缓解我们的痛苦情绪。

尽管用了那么多聪明的办法控制情绪，我们依旧饱受心灵之苦。长远来看，控制策略并不能真正帮助我们从痛苦情绪中解脱。想想你生命中最开心的一天，在焦虑、挫败、失望或恼怒到来之前，那些喜悦、幸福的感觉能维持多久？

事实就是，我们要充分地生活，就需要全然经历人类的情绪，而不只局限于“令人感觉良好”的情绪。情绪如同天气，一直变化不息，有时令人十分愉悦，有时让人极度不适。在日常生活中，假如我们认为“每天都必须有好天气，如果某天阴冷潮湿，就一定是出了大错”，那会怎样？秉持这种态度，我们将会与现实生活展开多么激烈的斗争？相信“我不能做那些对我而言真正重要的事，也不能成为我想成为的那种人，除非天气转好”，将会给生活造成多么严重的损失？

这样谈论天气看似十分荒谬。我们很清楚自己无法控制天气，所以根本不会徒劳而为。无论阴晴冷暖，增减衣物就能适应良好。但一提及情绪，大多数人则会反其道而行之：竭尽全力控制情绪，这很自然，毕竟人们都趋乐避苦。所以，我们努力做些快速让自己“感觉良好”的事，从而推开那些不想要的情绪，这种思路也会被外界那些声称能提供帮助的声音所强化：买辆新车！品尝一下我们完美的威士忌！试试我们超级美味的新款冰激凌！购买我们的东西，你也就能像广告中年纪轻轻、身材曼妙、身体健康、美丽动人、苗条有型、古铜肤色、笑靥如花的俊男美女一般幸福。的确，有很多身外之物会让我们开心，但这种感觉能持续多久？是几分钟，还是几小时？

在人生旅程中，我们全都体验过强烈而不快的情绪，那些情绪很难像水龙头一样被轻易关掉。而且毫无疑问，你会发现那些常用的情绪控制策略从长期来看反而会损害生活质量。但是，假如你能扩展思路，仔细观察，就会发现，每当我们过度或僵化地使用控制策略时，这一点也同样适用。

即便是像运动这种健康活动，如果过度或僵化地用来控制情绪，也会造成问题。例如，有些厌食症患者每天都会过量运动，短期内能帮助他们控制焦虑感（推开一切有关变胖的恐惧），但长期则会毁掉身体。显然，这和奉行关怀自己健康幸福的价值并带着心理灵活性进行身体锻炼，完全是两回事。

通常来说，我们在尝试控制情绪时会深感失望和挫败，这会激发我们更加卖力地控制情绪，更加巧妙地控制感受。最好有朝一日能够开发出终极大招，能让我们彻底控制自己的情绪。但我们迟早会意识到，这纯属异想天开。为了强调这一点，我在开办工作坊或是讲座时，通常会邀请已经为人父母的听众举手示意，一般会有超过四分之三的人举手。我会提问："孩子让你的生活特别充实，也带给你难以想象和前所未有的美妙体验——爱、喜悦和温柔等情绪，但是，难道只有这些情绪吗？"

每个人都会摇头说："当然不是！"

"孩子还会带给你什么样的情绪？"我接着问。

然后，房间里就会出现嘈杂的回答声：害怕、生气、疲惫、担忧、内疚、难过、痛苦、失望、拒绝、心烦和各种程度的生气。

所以，事实显而易见：那些令你的生活丰富、充实和有意义的事情，同时也会引发广谱的情绪，而不仅是“好的”情绪。（当然，这一点也同样适用于每一种充满爱的关系，而不仅仅限于亲子间，难怪哲学家让-保罗·萨特（Jean-Paul Sartre）说“他人即地狱”。）

不幸的是，我们耗时良久才会茅塞顿开。没准要看上100本心理自助书，持续进行20年的心理治疗，服用5种不同种类的处方药，参加十几种自我赋能课程，还可能默默挣扎几十年，穷其一生向各路“专家”取经，然后，才能真正认识到这个简单的道理：我们从未被社会善加教导如何应对痛苦情绪，在成长过程中，一直学到的只有两种反应方式，即控制和被控制。可是，如果只有这两种选择，想要找寻内在满足又谈何容易？

有时，我的客户会对这些观点嗤之以鼻：他们坚称，心满意足意味着没有任何痛苦情绪。真能那样就好了！满足感，并不是说困难情绪的消失，而是说我们改变了与它们之间的关系：找到了一种对它们做出反应的崭新方式，于是，每当它们出现时，无法再阻止我们安处当下，带着意图生活，并且将生命体验为一种荣幸。我们学会了如何在自身的痛苦中找到平和稳定，如何在自己的内部“创造空间”，允许情绪自由流动，而不是受其驱使或是深陷其中。我将这种能力称为“扩展”，这是“当下”涉及的三项核心技能之一。

继续推进之前，我需要花些时间自我坦白。最开始听到“自闭症”这个可怕至极的词落到我儿子头上时，我立刻就把刚才本章写的这一套东西都抛到了九霄云外。那时，我使出浑身解数想要逃离痛苦。我疯狂地借助图书、音乐、DVD、电视和网络让自己分心，但这样做没有用。关于我儿子的种种念头总是挥之不去，越积越多，直到把我席卷而去。

那是一些凄凄惨惨戚戚的黯淡光景和黑色故事：我的小男孩有缺陷、有残疾、被排斥，他成了社会的弃儿。

我同样也试图用我最喜欢的、能带来安慰的食物逃离痛苦：双层的雅乐思巧克力，但这同样不管用。食物吃到嘴里那一刻，我确实顿感轻松，但这种感觉很快就会消失，痛苦变本加厉地卷土重来（在这个过程中，我的体重增加了好几公斤！）

我也尝试过主动出击逃离痛苦。我报复似地点击网站，浏览能找到的一切关于自闭症及其治疗方法的信息，努力从一大堆废话中挑出科学信息，但这同样没有用。无论是和朋友倾诉、喝得酩酊大醉、哭得肝肠寸断，长途健走、做按摩，积极思考，还是反复诵读那些鼓舞人心的名言警句，全都徒劳无功！

当现实就这样撕开一个巨大裂隙时，并没有什么可以控制痛苦的良策能将它立刻赶走（除非你采用极端方式，比如大量使用毒品或酒精，但长此以往会严重损毁生活，并撕开更多其他的现实裂隙）。可是，如果我们允许自己被痛苦控制，只会让一切更举步维艰。因此，真正有用的选择是：练习扩展。

扩展

“扩展”和前面提到的“控制”和“被控制”这两种方式截然不同。正因为完全不同，所以就需要花些时间理解它。为了方便你对“第三条路”有些感觉，请尝试下面的练习。

一个四步的体验

这个体验需要四步，如果真正去做，而不是读读交差，将会从中收获颇多。

第一步：想象手中这本书是由所有你最难应对的情绪构成的。（花些时间为它们命名。）

第二步：读完这段时，请从边缘处拿起这本书，让它打开并且位于正中。紧紧抓住书的边缘，在你面前拿起这本打开的书，然后，拉近它与你之间的距离，几乎碰到你的鼻子——实际上它差不多已经完全挡住你的脸，模糊了你的视野，就这样坚持20秒左右，留意会有怎样的体验。

有什么发现？当你完全“陷入你的情绪”时，是不是感到迷失其中、没有方向，也切断了和周围世界的联系？是不是看起来是情绪在主持大局？是不是完全看不到房间里的其他东西？你是否会被这种体验所“消耗”？

这真的很像我们被情绪控制时的情形：陷落其中，迷失其间，被其吞噬。情绪主导了体验。我们陷在情绪中不能自拔，受其牵绊，供其驱使。用这种方式应对情绪，当然很难活在当下，也无法有效回应生活中的诸多艰难和挑战。

第三步：请再次想象这本书包含你所有最难应对的情绪。读完这段时，请用双手把书托起，紧抓住书的边缘，拿得越远越好。尽量往远处伸展胳膊（不用弄到肩膀脱臼），将胳膊肘完全伸直，保持这本书在你手臂长度的距离。就这样坚持1分钟左右，留意会有怎样的体验。

这么拿着会不会让你感觉不适和疲劳？想象如果你从早到晚都这么举着这本书，会多么精疲力尽？同时，想象在做这个练习的同时，观看你最喜欢的影视剧，和别人交谈，吃饭，又会有多心不在焉，倍受其扰？这很像我们努力控制情绪时的情形：消耗大量能量推开它们。不仅令人心猿意马、精疲力尽，也会让我们脱离当下，陷入内心的征战。竭力控制情绪时，我们很难安处当下，也无法有效回应生活的挑战。

> 第四步：读完这一段时（仍然装作这本书承载着你所有最痛苦的情绪），请将这本书温柔地放在你的膝盖上，让它们在那里休息 20 秒钟。与此同时，伸展你的胳膊，深深地呼吸，怀着孩童般的好奇扫视周围的环境，留意你看到、听到和闻到的。

以上就是回应痛苦情绪的第三种方式：为它创造空间，或称“扩展”。（注意：ACT 中的正式表述并不是“扩展”，而是“接纳”。我没有使用“接纳”，是因为很多人会有误解：人们要么认为接纳等同于喜欢、想要或是对自己的情绪很满意；要么认为这意味着忍受、容忍，或是屈从于情绪。）“扩展”的意思就是打开，为情绪创造空间，允许它们到来、停留和按照自身的节奏离开。在这个顺其自然的过程中，我们不需要投入任何精力和情绪战斗，或是逃避情绪。

你是否注意到，让这本书待在你的腿上，这种方式会令你倍感轻松，也会减少分心。相比完全被它遮挡或是与它保持一臂距离来说，会不会节省很多精力？你是否注意到，如果能从中脱身，停止战斗，为它创造空间，你就能全然处于当下，与周围世界同在？

有时，我带客户一起做这个练习，他们会说：“是的，可那只是一本书，涉及真正的情绪就没那么容易了。”

我会回答：“完全正确，这只是一个练习。”

而这个练习的关键正是为后续工作做准备：针对真实情绪练习扩展。

第9章

好奇的一瞥

一拨又一拨呕吐的浪潮向你袭来，你的视野变得污秽模糊，几秒钟内就什么都看不见了。你的喉咙也随之失去功能，没办法再说话或是吞咽。再过两三分钟，你的整个身体渐至瘫痪，直到无法呼吸。假如你被一种致命的蓝纹章鱼用它像鸟一样的喙咬到，你的生命就会这样结束，而这个小生物的体积不会超过一个网球。

我的朋友帕迪·斯普思很喜欢这么问："如果你游泳的地方有一只蓝纹章鱼，你是把它拎起来、赶走、视而不见，还是只是观察一下它？"显然，这些方式都可以选择，但是前两个选项会危及生命。特别是在这种章鱼本来不会主动攻击人类的情况下，只有当你想拎起它或威胁它时才会被咬。（发起攻击前，它的触手会突然发光，你会看到被照亮的蓝色轮廓。）第三个选项"视而不见"，似乎很难做到，尤其在你明知它有致命性的情况下。而且，假如你不留意它在哪里，很可能一不小心游进它的地盘。

所以，最后一个选择“观察它”，显然是最佳选项。“等等，”你会想，“还有一个选项没提到，我可以从它身边游走，躲开它。”是的，你当然可以。不过，蓝纹章鱼更喜欢隐藏在礁石下，而不是在开放的水域游来游去。所以，如果你只是保持不动和观察，会发现它很快离开，并不会理睬你。而且，即便你选择从它身边游走，不拎起它，也不威胁它，为确保安全，你是不是也要先好好看看它？

这个小小的海洋生物为我们提供了一个有关痛苦情绪的极佳隐喻：如果你对它很执着，想要驱赶它，或尽力忽视它，往往适得其反。不幸的是，我们大都将自身情绪看成和蓝纹章鱼一样危险：想要除掉情绪，或是回避情绪。只要它们还在，我们就浑身不自在。更不幸的是，这种竭尽全力驱赶情绪的态度，会消耗大量精力，榨干我们的生命力。不过，我们完全可以不这么做，因为情绪并不像真正的蓝纹章鱼那样危险。如果我们按兵不动，带着好奇观察情绪，它们就无论如何都不会伤害我们，而是像蓝纹章鱼一样迟早会自行离开。

现在，设想你是一位海洋生物学家，有幸置身于蓝纹章鱼的生活环境中观察它。在此情形下，你确信自己是安全的，抱着一种完全着迷的态度观察这个小动物。你对它的每个动作都充满好奇。留意它的触角在富有韵律地活动，它的身体上有美丽的花纹和色彩，将它尊崇为一件大自然的杰作。换言之，你全然活在当下。这样一种开放和好奇的注意力构成了扩展的根基。

如果这些听着耳熟，那毫不稀奇，扩展正是当下的一部分。换句话说，每当出现一种痛苦情绪，你并不一定要卡在其中，也不需要逃离，而是完全可以在当下与它相处。如果你的头脑对此嗤之以鼻，提出抗议、威胁、担忧、评判或是其他形式的拒绝，就随它去吧。

想法、感觉、情绪和感受

很多人可能会对想法（thoughts）、感觉（feelings）、情绪（emotions）和感受（sensations）之间的区别感到困惑，所以值得花些时间澄清。只是这个任务有点困难，因为大多数“专家”都不能就一种情绪到底是什么达成一致。但是，在某些方面已经达成一致。例如，毫无疑问，情绪是在为行为做准备。悲伤、愤怒、恐惧、内疚、爱和喜悦全都会强化我们以特定方式行动的倾向。同样，在身体层面，一种情绪会包括神经改变（比如，涉及大脑和神经系统），心血管改变（比如，涉及心脏和血液循环系统），以及激素变化（涉及血液中的“化学信使”）。

虽然我们能够用科学仪器测量这些变化，但是，在日常生活中，我们并不是用这种方式体验自身的情绪。

当我们以开放和好奇的注意力观察情绪时，就总会遇到想法和感受。“想法”是指头脑中的词语和画面；“感受”是指身体内部的感觉。“感觉”有时会和“情绪”交替使用（我在本书中就是这么做的），但是，“感觉”也会用来指代作为“情绪”的一部分而出现的躯体知觉（相对于“想法”作为“情绪”的另一部分来说。）

就此而言，最佳方式就是自我检视一番：带着好奇观察你的情绪。然后你会注意到，要么是一些类似感受的东西，要么是一些类似词语和画面的东西。更进一步，你还可能留意到一块复杂交织的、多层次的织锦，由词语、画面和感受织就而成。你可以放大特定的想法或感受，也可以让整幅图景映入眼帘。

情绪通常能够引发一种意义感，但是，那个“意义”本身也是一个想法，由词语和画面构成。作为一种强烈情绪的一部分，冲动也会经常出现，但如果仔细留意一种冲动，就会发现它们也是身体上的感受和头脑中的词语画面。回忆也是如此：仔细看看就会再次发现，一种回忆是身体上的感受和头脑中的声音、画面。（如果你的回忆还包括气味和滋味，没问题，那些也是身体感受。）

为了进一步弄清这一点，请找一部最喜欢的电影。如果你正在观看那部电影中一个一秒的片段，那么你看见的内容就只有声音和画面。我们不会将这些声音或画面称作电影，也不会说电影只有“声音和画面”。但是，从体验的角度来说，观看任何电影的任何一个一秒钟的片段时，你能看到的只有声音和画面。与之类似，可以这样看待一种情绪：它是一部丰富的、扣人心弦的、多层次的作品，包含很多相互交织的感受和想法。

最近，我在电邮中和别人就这一概念进行讨论。对方在给我回的邮件里说：“我明白你的意思……可是……在一种情绪中还是有些别的东西，只能描述为类似一种‘气味’，或是一种颜色……模糊不清，同时又很尖锐！可能就是一种带刺儿的、五颜六色的和难以名状的一大团！”

我回复说：“是这样的，一种气味本身就是一种感受——一种关于味道的身体感受。它貌似难以描摹（比如，没有清晰的形状），但是，你还是能感觉到它在你身体上的位置，留意压力、温度、悸动等感觉。如果你体验到一种颜色，那么你一定是‘看到’了某种画面（即便只是抽象画——只有颜色，没有明显的形状）。如果体验到‘尖锐的’或是‘带刺儿的’，那要么是你感受到了尖锐，要么是你想象出某些尖锐物的画面。所以，当你将镜头拉近并观察‘带刺儿的、五颜六色的和难以名状的一大团’的任何一个维度时，你都会发现感受、词语和画面。然后，问题就变成：你能否让自己保持开放，为遇到的这一切创造空间？”

留意那些内在的威胁、不快或痛苦时（即留意一切我们通常想要躲避的想法和情绪），如果我们能够自愿而诚恳地观察它们，真正带着开放和好奇检视它们，就很容易发现一些对我们有用的事。我们会学到：如果能为情绪创造空间，它们就不会像看起来那么强大；情绪并不能伤害我们，即使会令人感到不快；情绪也无法控制我们的胳膊和腿，尽管它可能会让我们发抖和摇晃；我们没必要逃离或是躲藏，也没必要与情绪战斗或对抗。学会这些，将会让我们从情绪中解脱，从而将时间、精力投入改善生活的实际行动中，而不再消耗于竭尽全力地控制情绪。但是，倘若缺乏真正的好奇心，就很难揭开这层面纱。

通常来说，痛苦情绪出现时，我们不会感到好奇，也不愿意接近和探索，仔细看看它们的成分，也没有特别的兴趣想要从中学习。总的来说，我们根本就不想了解痛苦情绪，真正渴望的是忘掉它们，分散注意力，或是除之而后快。相对于仔细探究，我们更倾向于本能逃离。看到一具患病或残缺的身体，我们会自动退缩或转移目光，我们也是这么对待痛苦情绪的。不过，既然这些都是自动化反应，那就可以通过练习进行改变。

作为一名医生，在工作中，我有很多机会目睹因各种方式变得残缺的人类身体：因皮肤病而浑身长泡，烧伤留下的恐怖疤痕，癌症和艾滋病的肆虐发作，免疫系统失调引发的关节肿胀变形，截肢手术造成的肢体残缺，罕见基因障碍导致的头部畸形和脊柱扭曲，肝脏疾病引起的腹水和黄疸，还有无数种与衰老、疾病及死亡相关的躯体退化表现。

做医生前，每当我看到有那些状况的人，都会感到吃惊、害怕、厌恶或恶心。这些年，我逐渐学会了透过令人不适的外表看见和联结人的内心。我学会了以温暖、好奇和开放的态度报以注意，随着时间的推移，我的迷雾和恐惧消失了，取而代之的是友善和慈悲。不过，只有当我有意愿活在当下并保持开放时，这些才会发生：我能够为自己的自动化情绪反应创造空间，不再受它们控制。如果你确实也有这样的意愿，那么也一定能够做出这种转变。

就此而言，需要明确的是，存在两种迥然不同的好奇方式。一种是冷静、疏离和漠然式的好奇，比如，一位科学家正在实验室里用一只老鼠或一只猴子做实验。另一种是温暖、关心式的好奇，比如，一位很友善的兽医在想方设法治疗一只生病的小动物。你很可能也遇到过一些极度冷静而疏离的医生，他们只是对疾病好奇，对诊疗感兴趣，看起来似乎完全不关心附着于身躯之内的那个大活人。同时，你也可能遇到过另外一些风格迥异的医生：在他们的好奇中满是温暖、友善和关切。他们认为最重要的就是关心眼前这个人，他们是对整体的人做出回应，而不只是处理某种状况。那么，你更愿意找哪一种医生看病呢？

"好奇"（curiosity）这个词源于拉丁语 curiosus，意思是"关心的"（careful）或"用心的"（diligent），而这个拉丁语是来自另外一个拉丁语 cura，意思是"关心"（care）。这十分有趣。练习正念时，我们就是在关心自己：关心自己的感觉，也关心自己如何应对感觉。相对来说，回避自身的感觉，通常就是一种漠不关心的行动。我们集中精力、竭尽所能消除感觉，却会造成自我伤害，或是导致生活受限受损。cura 这个词也很容易让人想起 cure，这非常贴切，"好奇"的确在情绪疗愈过程中扮演着特别关键的角色：我们不是竭力从痛苦中逃离，而是转身直面痛苦，调查和探索它。

所以，下一次当孤独、愤恨、焦虑、内疚、悲伤、后悔或是恐惧出现时，你能否真正对那些体验保持好奇？能否用一束光照向它们：研究它们，把它们看作一场舞台秀中最值得珍视的表演？

如果能以更加好奇的态度深入观察任何一种极度的压力或不适，就会发现它包含两个主要部分。一部分是故事线：头脑中的一大堆声音和画面——信念、思路、假设、推理、规则、评判、表达、解释、画面及回忆。另一部分是身体感觉线：在我们身体内部出现的所有各种各样的感觉和感受。我们已经学过如何应对故事，现在就来看看如何应对身体感觉。

身体感觉

为了理解感觉的力量，请回想一个你现在面临的现实裂隙，邀请一种困难情绪进入脑海。当你陷入痛苦时，就可以按照下面的步骤练习。

留意你的情绪

先暂停一会儿。

接下来将要开启一次探险之旅：探索你的痛苦情绪，并以全新的眼光看待它。

进行一次缓慢而深长的呼吸，将注意力放在你的身体上。

从头部开始，向下扫描你的身体。留意你身体的哪个部位感觉最强烈：前额、眼睛、下巴、嘴、喉咙、脖子、肩膀、胸部、腹部、骨盆、臀部、胳膊还是腿部？（如果你感觉到麻木，就可以继续练习，但是，是将注意力集中在那些麻木的感觉上。）

一旦你发现最强烈的感觉出现在身体的哪个部位，就可以带着大大的好奇观察它，仿佛你是一位科学家，碰到了一些很奇妙新鲜的深海生物。你能否发现一些关于它的新东西——它在哪里，感觉像什么，它如何行动……

留意它的能量、脉动或摇摆。

留意它里面的不同“层次”。

留意它从哪里开始，到哪里结束。

它是深的，还是浅的？是活动的，还是静止的？是轻的，还是重的？

它的温度如何？你能否留意到在它里面，哪些地方温度更高一点，哪些地方温度更低一点？

留意任何你可能出现的对它的抗拒。在它周围的身体区域是否变得紧张？你的呼吸是否变得更加急促和浅薄？你的头脑是否在抗议，或是感觉很烦躁？

为情绪命名

留意到你的情绪时，请为它命名。你可以默默对自己说，“这是恐惧”“这是愤怒”，或者“这是内疚”。（如果你难以精准地为这种情绪命名，那可以试着说“这是痛苦”“这是压力”，或者“这是麻木”。）然后，继续观察这种情绪，将它看作某种奇妙的海洋生物。现在，最大的不同在于，这个生物有了一个名字，你很清楚自己正在应对什么。

将呼吸带入

缓慢而深长地呼吸，想象着你的呼吸进入和包围着这种情绪。

这么呼吸时，就好像你正以某种方式扩展——从内在开启一个空间。这正是觉知的空间。

如同大海会给所有的海洋居民提供空间，你自身的广阔觉知也可以轻松地容纳你的一切情绪。

所以，将呼吸带入感觉中，开放地围绕着它们。

在它的周围放松，为它们提供空间。

将呼吸带入到你身体上任何感到抗拒的地方：那些紧张、纠结和收缩的地方，并且为这一切创造空间。

将呼吸带入到你头脑中任何感到抗拒的地方：那些有关“不要”“坏的”或是“走开”之类的浓烟迷雾。

呼气时，放下你的想法。

不再执着于想法，而是允许它们自由来去，仿佛微风中的片片落叶。

允许情绪存在

无须想要或是赞同这种情绪。

只是看看你能否允许它存在。

允许它就在那里。它已经在那里了，为什么要向它宣战？

与它和平共处。

让它拥有自己的空间。

给予它可以活动的空间。

允许它做已经在做的事，允许它如其所是地存在。

扩展临在

那位海洋生物学家可能会将注意力集中在那只章鱼身上，同时也可能扩展关注的焦点，留意章鱼周围的海水和它藏身的礁石。

我们也能用同样的方式扩展关注的焦点。因此，在你已经为你的情绪创造空间之后，接下来就是扩展你的觉知。继续留意情绪，认识到它只是此时此刻正在发生的一部分。

在这种情绪的周围，是你的身体，通过身体，你能够看见、听到、触摸、品尝和嗅闻。

现在，退后一步欣赏景色，不是仅仅留意你感觉到的，也要留意你听到、看到和触摸到的。

将你的觉知想象成一束明火之光，用它照向四面八方，让自己清晰感觉自己正身在何处。

这么做时，不要试图从情绪中分心，也不要忽视情绪。将它保留在觉知中，同时，与你周围的世界联结。

允许这种情绪就在那里，同时还有其他一些东西也同在此刻。

留意你此刻正在感觉和思考的。

留意你正在做的事，以及你如何呼吸。

留意所有这一切，将这一切都带入觉知。

用你的觉知兼顾这两个世界：一方面关注你的内在，另一方面关注你的外在。用你的意识照亮这两个方向。

接下来，全然投入每时每刻的生活。

* * *

如同一切正念练习，上述这个练习也可以随时随地、不限时长地进行。例如，如果你想要提升扩展能力，可以将它延伸成一个更长的练习，用 10 ～ 15 分钟的时间。另外，你也可以在任何地点用一个 10 ～ 15 秒的版本练习：只是留意并命名情绪，将呼吸带入其中，允许它就在那里，同时扩展你的觉知，联结周围的世界。

现在，或许你会很好奇："接下来要做什么？在扩展觉知并投入周围的世界后，接下来还要做什么？"答案就是，如果你正在做的事情包含让生活更加美好的意图，那就继续做，并且全然投入地做：将你全部的注意力投入到手头的任务上，让自己彻底沉浸其中。如果你正在做的事情缺乏意图，也不会令生活更加美好，那就停下来，转而投入一项更有意义的活动。（假如你想不到有意义的事，不用担心，本书第四部分将会涉及这个主题：选择立场。）

关于这一点，有个很重要的提示：你不需要停止使用你的控制策略（比如，做那些帮助你控制情绪的事）。只有在过度使用或是过度依赖控制策略时，或者是在短期能缓解痛苦但长期却会损毁生活的情况下，控制策略才会构成问题。这里的重点是，扩充你的工具箱，这样就能有更多选择，而不再仅仅是"控制或被控制"。

因此，我鼓励你更加努力，每天至少练习几次带着好奇观察情绪。如果你感觉这很困难，那不妨采用婴儿步伐。没有人会期待一位消防员在未经训练的情况下能应对摩天大楼的火灾。训练消防员都是在谨慎控制的情境下，从最简单、安全和微小的火情开始，并且有专门设计的训练场地。我们涉足情绪的正念也是同样的情形，如果你之前从未尝试过这种方法，请不要从强烈的情绪入手，而是从那些轻微的、挑战小的情绪起步，比如在每天生活里都遇到的那些不耐烦、挫败、失望和焦虑。

近距离观察你的情绪，发现它们的习性。它们何时出现？会被何事触发？喜欢盘踞在你身体的什么部位？你的身体会对它们有怎样的反应？你会在身体的什么部位留意到抗拒、紧张和战斗？

观看纪录片时，看到一条大鲨鱼、大鳄鱼或是黄貂鱼，我们就会很激动。这些致命的凶猛生物总是令人心生畏惧和赞叹。那么，这里的挑战就在于，我们在看待自身情绪时差不多会采用同样的方式。不过，尽管我们的情绪看似十分危险，实际上却并不会带来伤害。情绪不像鲨鱼或是鳄鱼，无法真正吞食我们。情绪也不像黄貂鱼，不会真正毒死我们。因此，正念地注视情绪，并不会比观看一部野外生活纪录片更危险。所以，不妨时常带着好奇观察你的情绪，无须注视良久，好奇地一瞥足矣。

The Reality Slap

第10章

摘掉护目镜

不够好（not good enough，NGE）这个“三字经”会在生活中的各个领域立竿见影地制造现实裂隙，头脑只需要将某人某事评判为不够好，就能立刻引发我们的不满。有时，头脑会劈头盖脸地评判我们自己：说我们不够聪明、有魅力或成功，不是足够好的父母、伴侣和朋友。有时，头脑也会用这些评判掌掴我们认识的人：说他不够诚实、善良或有趣。头脑还会这样评判所有事：我们的大腿、房子、成就、收入、天气、邻居、亲戚、孩子的表现、狗的表现、自己的表现，等等，反正无论如何，就是不够好！

我们通常会相信这些评判，一旦相信就会即刻卷入战争，而无论评判的对象是什么。只要继续抱守不够好这个“三字经”，我们就会开始对工作不满，对朋友失望，对身体不悦。当然，头脑不会每次都用这三个字，而是会说：工作“很烦人”，朋友“靠不住”，身材“太差了”，进展“太慢了”，我们真是“落后生”。不过，这些评判还是都能转换成同一个“三字经”：不够好。一旦迷失其中，就很难再满意；紧抓“三字经”，就绝不会知足。

即便这些消极评判完全公正，我们确实能找到各种佐证，但事实是这种贴上“不够好”标签的方式对我们几乎没有帮助。通常只会制造出一个现实裂隙，或是扩大一个已有的现实裂隙！

现在，请留意你的头脑对于我所说的做何反应：是赞同，还是反对；是怀疑，还是好奇？我希望澄清：我并非主张人们理应忍受生活中的艰难痛苦，也并非建议你放弃追逐目标，不去满足自己的需求，或是停止努力工作来改善状况。到后面“选择立场”部分，你还会发现这一点。我想要强调的是，“不够好”是头脑最偏爱的故事，一旦我们上钩，头脑就会收线，然后日子通常更不好过。

现在，你的头脑可能抛出类似这种说法：“如果我不先将某事评判为不好，又如何设法改善？”我们在生活中都会遇到许多想要改善的事情，这很自然。这时，我们可以先承认存在一个现实裂隙：在我们“想要的”和“得到的”这二者之间的裂隙。承认之后，就可以更加积极主动，弄清如何改善现状，并采取有效行动。但是，这种做法和沉浸在“不够好”的故事中完全不同，后者会成天反复播放这个故事，让我们在不满的迷雾中跌跌撞撞。无论情况多么糟糕，把时间浪费在“不够好”的愁云惨雾中，都只能令其进一步恶化。

每当我们被“不够好”的故事钩住，就仿佛戴上了一副颜色很丑的护目镜。戴着它看我们的婚姻、身体和工作，猜猜会怎样？而且这些眼镜很特殊：看待事物时，并不只是看当下一刻，还能看到过去和未来。

戴着它看过去，就会重演往日的伤痛和失意，重现失落与悲伤，重燃沉冤和旧恨，我们无法抹去这些痛苦，只能深陷于沉渣泛起的往事中。总之，头脑想说的是：过去“不够好”。

与之相似，透过这些眼镜看待未来，也是乏善可陈。我们会看到各种各样的恐怖情景，事情越来越可怕和糟糕。这会让我们沉陷在恐惧、担忧和焦虑的沼泽地：害怕失败和拒绝，害怕衰老和疾病，害怕没养育好孩子，害怕孤独、贫穷和受伤，也害怕不确定性和未知的生活。一言以蔽之，未来也“不够好”。

这个故事也会引发贪婪和嫉妒。“我现在拥有的不够好。”这样认为，只会增加不安全感和对亲密关系的恐惧感：“等你真的逐渐了解我，就会发现我不够好。”这个故事还会滋生不满和愤怒：“你对待我的方式不够好。”而且，它还会为抑郁和自杀铺路搭桥：“生命本身就不够好。”

那么，我们能够对这个故事做点什么？积极思考会让它走开吗？多想想发生在我们身上的好事，将杯子里的半杯水看成是半杯满的？对此，我很怀疑。（真的很希望你试试，不过已有数百万人试过并以失败告终。）如果你变得铁石心肠，坚决不让自己再有这么多评判，强迫自己停止这些消极的思维过程，会怎样？很多人曾经尝试这么做，但具有讽刺意味的是，这只是另外一种评判自己“不够好”的方式。幸运的是，应对这个故事，我们还有一种更有效的方法：留意它和命名它。

每当你发现头脑故技重施、开始絮叨：你拥有的不够，赚钱不多，锻炼不够，或是你太胖、懒惰、愚蠢、自私、麻木、情绪化、焦虑、急迫和软弱无力，那么，最开始的一步就是……

暂停。

暂停、呼吸。进行一次缓慢、深长而温柔的吸气。

暂停、呼吸、留意。留意你的头脑正在做什么。

带着好奇留意头脑活动。留意它如何给你讲故事，是运用词语、画面还是二者的结合？你能否听到自己脑袋里的声音？如果能听到，它是在什么位置：是在脑袋后边、里边还是右上边？那个声音听起来感觉如何？是你自己的声音，还是别人的声音？是大声喧闹的，还是轻声细语的？是缓慢的，还是疾速的？这个声音蕴含着怎样的情绪？

接下来，暂停、呼吸、留意和命名。

为故事命名能帮助我们和它拉开距离：退后一步，看到故事的本质不过是一连串的词语和画面。例如，你可以对自己说："啊哈！又来了。那个老掉牙的'我不够聪明'的故事。就知道是你！"这样一来，你可能会感到很轻松，好像你刚刚摘掉了那副丑陋的眼镜，现在能更加清晰地看世界。

这个简单的练习充满力量，因为它揭开了我们真正的力量之源：并非竭力阻止出现的故事，也不是和它们战斗，而是能退后一步，如其所是地看待它们，允许它们按照自己的节奏自由来去。

假设你的头脑正忙着针对你的伴侣、孩子、朋友、亲戚或是老板，指出他们所有的缺点、失败和烦人的习惯。那么，你就可以使用上述提到的策略：暂停、呼吸和留意。留意你的头脑正在做什么，留意它多么熟练地就把你拖进去。选择用什么样的词语和画面对它保持好奇，留意它如何遣词造句以便引发我们的失望、愤怒和担忧。暂停、呼吸、留意……然后，为这个故事命名："啊哈！又来了！那个'他、她和它们都不够好'的故事。"

如果你的头脑议论的事情和人无关，是关于你的工作、收入、汽车或是晚餐，那么同样可以暂停、呼吸、留意和命名："啊哈，那个'它不够好'的故事又来了。"

随心所欲运用这个技巧，不妨再加点儿轻松幽默。比如，可以开玩笑地对自己说："嘘，嘘，嘘！它就是不不不不不不不不不够好！"或者

“哈哈哈哈哈！那个‘不够好的演出’又拉开了序幕”。或者，你干脆用一个缩略词命名：“NGE！”

在你留意头脑忙些什么并为其命名的过程中，看看能否融入你自然的温暖和幽默，能否欣赏这个很大的反讽：被称为“人类头脑”的完美仪器是如此善于创造和革新，在做出极大贡献的同时，也内置了评判、比较和批评的功能，让我们很容易就发现缺陷、关注不足，目之所及皆是问题！

如果你对人类头脑为何有这种倾向表示好奇，那么不妨将其放到进化背景中思量。远古洞穴中的人只有活得足够长，才能繁衍后代。而那些只能清晰看见眼前问题的人（例如，危险的动物、恶劣的天气和邪恶的对手）可不行，只有那些最善于预测未来麻烦的人（例如，更多的危险动物、更多的恶劣天气和更多的邪恶对手）才有机会，还有那些能够想办法有效解决问题的人也能活下来。因此，如果有个穴居人，每天喜笑颜开地四处闲逛，认为一切足够好，看不到问题，也预测不出问题，那么他很难活得够久，也就没有后代。大体上在青春期危机到来前，就已经被危险的动物、恶劣的天气和邪恶的对手彻底摧毁。

因此，拜进化所赐，我们的头脑已经进化成了极其出色的问题解决机器。抬眼望去，它会发现到处都是问题：把事情想象得都不够好，正是它的工作方式。（所以，如果有任何人告诉你“消极思维”表明头脑有缺陷或虚弱，显然他们在不知所云，对于健康正常的人脑来说，这些特性是一种自然完美的心理过程。）

在我们留意和命名“不够好”的故事后，通常就能把它剥离；放下它，而不再执着；摘掉护目镜，用崭新的眼光看待世界。还记得吗？正念是让我们带着开放和好奇的态度运用注意力。摘掉护目镜，我们就能将注意力带到正在看见、听到、触摸、品尝和嗅闻的一切事物中，就能够带着好奇注意此时此地正在做的事，并且全然投入其中，而不是沉迷在所有的那些NGE中。

请注意，我们并不是转到“积极思考”的阵营，尝试用EW（everything’s wonderful）来替换NGE。竭力说服自己有半杯水是满的，不要认为有半杯是空的。其实，“半杯满”和“半杯空”也只是关于杯子的故事，没有哪一个故事比另一个故事更“真实”。如果我们能够带着开放和好奇的注意力，在当下与这个杯子相处，那些关于“半杯满”或“半杯空”的评判就会撤入背景，进入前景的将是杯子的形状、反光的方式、杯中的水位，以及水和杯壁接触时明暗度的变化。

“是的”，你的头脑会说，“我很清楚不断焖烧‘不够好’的故事并没有帮助，但是，针对现实裂隙，我能做些什么？这是一个大问题。面临一个现实裂隙时，无论是我们的婚姻、工作、健康还是行为表现：如果能够从一种立足当下的心理立场出发，我们就能更加有效地处理问题；如果深陷于迷雾之中，我们就很难真正有效解决问题。

不过，处在当下只是第一步。第二步是澄清意图：你想要持有何种立场，在尝试解决问题时，你如何表现才能符合意图？之后我们还会探讨意图扮演的角色，这是第二步。目前来说，还是先巩固第一步。请你尝试让自己从生活各个领域中最常见的NGE中脱钩，看看会有什么不同。脱钩之后，就可以带着好奇的眼光好好打量周围世界了。“成为一棵树”，立足当下。当你摘掉阴暗模糊的眼镜时，或许就会发现你的问题变小了，也更容易带着它生活了。谁知道呢？

The Reality Slap

第11章

友善的智慧

有时，是现实裂隙让我们遭遇洪水、饥荒、火灾、死亡、疾病和灾难。也有时，是我们自己通过自我防御的行为制造，或者至少部分地参与制造现实裂隙，所有人都可能会把事情搞砸，会犯愚蠢的错误。所有人都会在某些时刻被自身的情绪突然牵动，如同提线木偶一般，自我防御。纠缠于想法，与情绪抗争，这样只会令我们的言行和真正想要成为的人相去甚远。因为感到自己不值得被爱，所以我们会伤害自己最爱的人，或是离他们远远的。

多练习和运用本书的理念，会减少这些情况的发生。但是，事实上我们永远不会完美，会一次次把事情搞砸，生而为人，正是如此。

那么，当我们把事情搞砸时，头脑容易怎么做呢？如果你我的脑子很像，那它一定会抽出一根大木棒，开始狠狠打击你；它会说你“不够好”，你做不到，你有毛病；它会告诫你要更加努力、做得更好并不断自我提升。这些不足为奇。成长过程中，长辈为了改变我们的行为表现，常常批评我们，难怪我们长大后也会这么对待自己。不幸的是，这种做法并不是很有用。

你肯定听说过“胡萝卜和大棒”的说法。如果想让一头驴驮着货物赶路，你可以用胡萝卜或是木棒来激励它。这两种方法都能让驴前进，但是，随着时间的推移，你越是用木棒打击那头驴，它就越会变得可怜兮兮、羸弱不堪。如果换个角度，每当驴的表现如你所愿时，你就用胡萝卜奖赏它，那么，随着时间的推移，最后这头驴会更加健康（真正美好的结局）。自我打击，自我贬低，让自己深陷困境，这就和用木棒打击那头驴一样无效。当然，严厉的自我批评有时也能让你迈向正确的方向，但是，你越是形成这种习惯，就越是悲惨和病态。在很大程度上，这种做法并不能真正帮助你改变行为，而是更可能让你动弹不得和可怜兮兮。

因此，无论是什么创造了现实裂隙，只要生活残忍地在你门前扔下它，或是我们因为自己的行为（至少是部分地）制造了它，练习自我慈悲都至关重要。（当然，除非你想把生活过得像一头上满弦的驴。）

现在，回想自我慈悲的两个成分：善待自己和安处当下。我们已经了解有关当下的技术：解离、扩展和联结，接下来要做的就是用友善“将它们搅拌起来”。我会带你做一个练习（事实上，更像是一系列练习），从而让你获得有关自我慈悲的充分体验。

自我慈悲练习

现在，邀请你找一个舒适的姿势，能够让自己集中注意力，并保持警觉。假如是坐在椅子上，那么你可以稍微往前坐坐，挺直后背，双肩自然下沉，让双脚温柔地触压在地板上。

现在，邀请一个正在与你斗争的现实裂隙到你的脑海中，花一些时间来觉察这个裂隙的特性，以及它对你产生了什么影响，让你的困难想法和情绪自然涌现。

1. 活在当下

暂停。

你所要做的：只是暂停。

暂停几秒，留意你的头脑正在说什么。留意它怎样遣词造句，它说话时的语速和音量。

保持好奇：这是个老故事，还是有些新意？头脑正在将你带入哪个时间段：是过去、现在，还是未来？它做出了怎样的评判？用了什么样的标签？

不要尝试和头脑辩论，也不要尝试让它安静，那样只会适得其反。

只是留意它给你讲的故事。

并且，带着好奇注意出现的所有不同情绪。你有什么发现？是内疚、悲伤、生气、恐惧，还是尴尬？是怨恨、失望、苦恼、愤怒，还是焦虑？

在情绪出现时，为它们命名："这是恐惧""这是悲伤"。

仿佛你是个好奇的孩子，注意你的身体内部正在发生什么。这些情绪在身体什么部位最强烈？它们有几个层次？在这些情绪中，你能找到多少种不同类型的身体感受？

2. 保持开放

现在，缓慢而深长地呼吸，将呼吸带入你的痛苦里。

当你这样做时，请保持一种友善的态度。

将这一次带着关心和奉献的吸气注入你的痛苦，作为一种抚慰和支持性的行动。

想象着，你的呼吸进入并包围了你的痛苦。

想象着，以某种很奇妙的方式，在你的内部开启一个广阔的空间，能够为所有情绪提供足够大的容身之所。

无论它们是多么痛苦，都不要与它们战斗。

为你的情绪提供平静，而非发送敌意。

让它们如其所是，给它们足够的空间，而不是推开它们。

同时，留意在你身体上出现的任何抗拒，也就是那些紧绷、收缩或是紧张的感觉，将呼吸带入其中，为所有抗拒创造空间。

为出现的一切提供平静和空间：你的想法和情绪，以及你的抗拒。

3. 善待自己

现在，请你伸出一只手。

想象着，它来自某位具有友善和关怀特质的人。

缓慢而温柔地将这只手按放在你感觉身体最受伤的部位。

是胸口感觉最痛苦，还是头、脖子和胃最难受？哪个部位感觉最紧张，就请把手放在那里。（如果你感觉麻木，或是无法定位，可以就把手放在心窝处。）

就让它轻轻地、温柔地在那里休息，无论是在你的皮肤上，还是衣服上。

感受从你的掌心流入你身体的那份温暖。

想象着身体正在软化这份痛苦，越来越放松，越来越柔软，为它创造足够大的空间。

请你温柔地抱持着这份痛苦，就那么抱着它，仿佛它是一个正在哭泣的婴儿、一只呢喃的小狗，或是一件易碎的艺术珍品。

请为这种温柔的行动注入关怀和温暖，仿佛你正在伸出手，帮助某个你十分在意的人。

就让这份友善从你的指尖流向你的身体。

现在，邀请你的双手都参与进来。将一只手放在胸口，另一只手放在胃部，就让它们温柔地在那里休息。就那么友善而温柔地抱持着自己：与自己保持联结，呵护你自己，为自己提供抚慰和支持。

4. 友善对话

现在，请你对自己说一些关心的话语，表达对自己的关注和爱。

你可以默默说一言半语，比如“温柔”或“友善”，来提醒自己你的意图。

你可以说，“真的很受伤”或者“真的很难受”。

你也可以说，“我知道我很受伤，但我可以承受”。

你还可以重复一句引语、谚语或是格言，前提是它们不会忽视你的痛苦。

如果你失败了，或是犯了错误，可以提醒自己：“是的，我是一个普通人。就像这个星球上的每个人一样，我会失败，也会犯错。”

承认这就是生而为人的一部分，友善而温柔地提醒自己，这是所有人在面临现实裂隙时都会有的感觉。这份痛苦告诉你一些重要的事：你在活着，有在意的事情，在你“想要的”和“得到的”这二者之间存在一个现实裂隙。所有人在这种情况下都会有这种感觉，它的确令人不快和受伤，你也并不想要它。但是，这正是你与这个星球上的每一个人都会遇到的情形。

* * *

希望这个练习对你很有帮助。你可以根据需要修改它。比方说，假如你并不喜欢我建议的友善对话，可以替换成你自己喜欢的内容。为此，可以把自己想象成一个孩子，他和此刻的你感受着同样的痛苦。如果你想友善地对待这个孩子，提供支持和安慰，表达最真切的关心，那么，你会说些什么温言软语？无论脑海中萦绕什么话语，都可以尝试对自己说些类似的话，并且怀着同样的在意、关心和友善的态度。你还可以扩展思路，把它变成一个有力量的想象练习，就像下面这样：

将慈悲给予幼时的自己

找一个令人舒适的姿势，闭上眼睛，或者看着前方某处。

进行几次缓慢而深长的呼吸，以开放和好奇的态度留意呼吸。

你要做的是一个想象练习。有些人会想象出栩栩如生、多姿多彩的画面，好像在电视上看到的那样；也有些人会想象出苍白和模糊不清的画面；还有些人在想象时根本不需要画面，而是只用一些词语和构思。

无论你用哪一种方式想象，都没有问题。

现在，想象你进入一部时光机。进去后就能回到过去，看望年幼时的自己。你返回的时点恰逢这个孩子正在经历生命中的痛苦，刚刚发生一些你在孩童时代也经历过的极其痛苦的生活事件。

现在，请你从时光机走出来，联结那个孩童时期的自己。好好端详一下这个小孩，感觉他正在经历什么。他在哭泣吗？他在生气，还是受到了惊吓？他是否感到自责或羞愧？这个孩子真正需要的是什么：爱、友善、理解、原谅、滋养还是接纳？请以一种友善、平静和温柔的声音，告诉这个“幼时的自己”，你很清楚发生了什么，也了解他正在经历的这一切，你知道他此刻有多么受伤。

告诉这个孩子，他不需要别人再来证实这个经历的存在，因为你很清楚。

告诉这个孩子，他已经从这个经历中幸存，现在，这仅仅是一份痛苦的回忆。

告诉这个孩子，你在这里，很清楚这件事有多伤人，很想提供一切可能的帮助。

问问这个孩子，他需要怎样的帮助，你做些什么能够满足他的愿望——无论他提出什么要求，你都给予满足。如果孩子要求你带他到某个特别的地方，那就去吧。给孩子一个拥抱、一个亲吻，说一些关心的话语，或是送他一个小礼物。这是一个想象练习，所以尽可能让他心满意足。如果这个幼年的你不知道他想要什么，或是他还不信任你，那么就让他明白，这样也完全没问题：你的出现只是为提供帮助，而且，你一直都会在此守候，愿意做任何对他有帮助的事。

告诉这个孩子，你就在这里，你非常关心他，会帮助他从这个痛苦中恢复，继续过一种充实、丰富和有价值的生活。

以你能想到的一切方式，通过语言、姿势和行动，继续向幼时的你播撒关心和友善。

一旦你找到一种感觉，就是这个幼时的自己已然接纳你的关心和善意，就那样吧。同时，将觉知带入你的呼吸。

花几分钟，带着开放和好奇观察自己的呼吸，然后，睁开眼睛，联结周围的环境。

* * *

很多人发现，对一个痛苦的孩子富有慈悲会更容易，上面这个练习就充分利用了这一点。最好规律练习，不仅能发展自我慈悲，而且能疗愈陈年伤痛。

除了这些练习，你还可以考虑采取一些行动：为自己做些小事以向自己表达友善。洗个舒服的热水澡，还是冲个淋浴？做个按摩？吃些营养健康的食物？出去散步？多留给自己一些“自我时光”？听听你最喜欢的歌曲？

你能否不带评判地聆听自己，承认自己究竟有多痛苦？你能否对自己温柔，无条件认可自己并没有错？你能否意识到自己只是人类的一员，是人都会犯错，你自然也会？你能否发现自己内在的美好？（你的内在当然拥有美好，无论你的头脑如何否认。）

我知道这些知易行难，如同学习每一种新技能，自我慈悲也需要勤加练习。就我来说，我发现，每当我冲我儿子大吼之后，想要自我慈悲就很困难。有时，我对他百般挑剔、大发雷霆。为什么？因为他没有按照我头脑希望的那样表现，他没有按照我头脑中认为应该的速度学习进步。一旦融合这些故事，我就会失去与个人价值的联结——我的价值是要保持耐心和接纳，而实际上我会变得疾言厉色。

过了一会儿，我的头脑又抽出一根大木棒："坏爸爸！""看看你都干了些什么，真讨厌！""真是一个伪君子！""他只是个 5 岁的孩子，对他好点儿，你发那么大脾气干什么？""还敢说自己是一位 ACT 治疗师？""如果你那些书的读者看到你现在这副德行，会怎么想？"

在我明白之前，就已经完全陷入一个由自责、愤怒、尴尬或挫败交织而成的巨大情绪风暴中。

然后……过了一会儿……我意识到正在发生什么，就让我的双脚放在地板上，做几次深呼吸，留意我能看见、听到、触摸、品尝和嗅闻的东西，联结此时此刻的世界，更加处于当下。然后，我承认自己真的很受伤，温柔地将一只手放在我的胸口或腹部，放在那些我感觉最受伤的部位。然后，深深地呼吸，提醒自己："你是一个普通人，就像这个星球上所有父母一样，有时你会把事情搞砸。当你很想成为好父母时，就会有这种感觉，而且，你不是必须表现得和理想的自己一模一样。"

然后，我进一步往深处看，探索在所有愤怒和挫败的情绪之下有什么，我会发现那个巨大的恐惧——对儿子未来的巨大恐惧，很害怕如果他没有取得足够的"进步"，未来可如何是好。会不会被拒绝或被欺负？会不会成为全班同学捉弄的对象？

接下来，我继续深入去看那个恐惧之下隐藏的真相：是爱，别无其他，只有那全然的、无限的、奇妙的和无休无止的爱！

假如你能花时间安静地坐一会儿，对自己保持友善和温柔，好奇地观察自己的痛苦情绪，那么，我觉得你也会在内心世界有同样的发现。无论这种情绪是什么——愤怒、恐惧、悲伤或是自责，都请温柔地抱持它，问问自己："这种痛苦揭示出关于我内心的什么讯息？它提示了我真正在意的到底是什么？"或者，你可以问自己这个问题，它来自 ACT 创始人史蒂文·海斯：如果我不想再有这种痛苦，我就必须不再在意什么？

这些问题能够提示你并非自己"不好"，尽管你的头脑会说你真的很坏。你只是一个有担当的普通人。毕竟，如果你什么都不在乎，就根本不会受到伤害。

勿以善小而不为

发展自我慈悲，并不是必须做些很大的、很夸张的事。微小的举动都会很有用。例如，我今天早上做了这些事：伸展了后背和脖子，洗了个热水澡，和小猫们玩耍了一会儿，和我儿子玩挠痒痒和摔跤，早餐吃得很健康，我还聆听了窗外的鸟儿吟唱。这些微小的关心与贡献之举在长期内会构建与自己之间的一种富含支持和慈悲的关系。而且，即便只是想象着做这些，本身也会激发自我友善的感觉。

美国心理学家克里斯汀·内夫（Kristin Neff）是世界顶级的自我慈悲研究者，她提出自我慈悲在正念和友善之外的第三个关键成分，就是我们在上面练习时接触到的：她称之为"共通性"（commonality）或"共通人性"（common humanity），这一点涉及对人类状况和苦难本质的觉察。每当我们感到受伤和受苦，就需要提醒自己，这是正常的人类体验。纵观整个星球，在这一刻，有数以万计的人正在和你以同样的方式受苦。

这么做并不是要折损或轻视自己的痛苦，而是重点强调要承认痛苦是生而为人的一部分。我们和他人共同承担着痛苦，如此一来，我们不仅能帮助自己，也能理解他人的痛苦并给予慈悲。

受苦时，头脑通常会说只有我们自己在受苦，外面的其他人都比我们幸福！别人都不能体会我们所受的苦，他们不会搞砸，不会犯错，不会失败，至少不会达到我们这么严重的程度。假如你相信这个故事，就会加重苦难，真相是：所有人都会受苦。每个人在生活中都会遭遇失落和艰难的状况，都会感到被现实掌掴，都面临着现实裂隙。对这个星球上的每个人来说，这些都会一次次地发生。

因此，即使生活狠狠地打击我们，甚至在我们门前扔下一大堆粪便，也请记住：首要一步就是自我慈悲。这一步做到位，通常就会很管用，有助于我们接下来选择策略和解决问题。接下来我们就可以在自身价值的引导下，用智慧的语言表达，并承诺行动。但是，这一切最佳的结果，都总是发生在第一步的自我慈悲之后。

所以，请不要再等待良辰吉日。现在就利用一切可能的机会发展自我慈悲，它是开启内在真正力量的密匙。请你每天都练习自我友善的微小之举，所有这些点点滴滴的小事终将带来改变。

落下锚点

第三部分

The Reality Slap

第12章

海盗船

毋庸置疑，现实裂隙越大，情绪痛苦就越强烈。在这些艰难时刻，我们经常会出现恐惧和愤怒这两种情绪。这不足为奇，所有的鱼类、爬行动物、鸟类和哺乳动物在受到明显威胁时，都会触发“战或逃”的反应：有机体做好充分的准备，要么逃离威胁，要么原地迎战。对人类来说，“战斗”反应瞬间就会转变为愤怒情绪（或其近亲：挫败、恼怒、怨恨和狂怒）；“逃跑”反应则会转变为恐惧情绪（或其近亲：焦虑、“神经过敏”、怀疑、不安和惊恐）。更常见的是，同时体验到“战斗”和“逃跑”这两种情绪。

在愤怒和恐惧之上，还会出现其他各种各样的痛苦情绪。例如，假如一个现实裂隙关乎某种重大丧失，人们就会感到哀伤和悲痛。

痛苦的情绪来来去去，如同潮起潮落：海浪涌起和翻滚，将我们席卷而去，通常甚至都没意识到，我们就已被卷走。但是，总还是存在这样一个时空，支持我们顺其自然被海浪吞没，这种说法可能令你吃惊。我这么说，是因为无论何种滔天巨浪，终究不会真正将人溺毙（尽管头脑说可以）。你会发现，当你进入一种扩展的心理状态时，即“退后一步”，怀着开放和好奇观察那些海浪，仿佛自己就是广阔、开放而空旷的天空。无论情绪多么跌宕起伏，都能为其创造空间，允许它们自由来去，如同观赏潮起潮落。

每当深陷于巨大的痛苦中时，练习自我锚定都会很有帮助，不过有时很难做到。但是，只要发现自己被带走，即刻就能落下锚点。随着时间的推移，这种练习会变得愈加容易。海浪会越来越小，即便还是滔天巨浪，也不会常常袭来，而是偶尔造访，时常不见踪影。我们越是善于快速进行自我锚定，突袭的海浪影响就越小。

如何落下锚点？这恰好是我们所熟悉的，就是“成为一棵树”的简版练习，设定用 5 ～ 10 秒钟完成，现在就可以尝试。

落下锚点

请花 5 ～ 10 秒钟进行下面的练习：

请将你的双脚安稳地放在地板上，保持脊柱挺直。

进行一次缓慢而深长的呼吸。

环顾四周，留意五种你能看到的事物。

仔细聆听，留意五种你能听见的声音。

留意你在哪里，正在做些什么。

* * *

这个极简练习随时随地都能进行，可以帮助我们立刻折返当下，从而投入此刻的生活并专注于手中之事。同时，如果我们能够对周围环境、自身行动和情绪保持一种扩展的觉知，通常就能够在海浪消退前保持自我锚定状态。

与其他正念练习一样，你可以用各种方式调整这个练习。例如，可以起身做个伸展动作，保持特定的身体姿势，感觉肌肉的拉伸；也可以双手合十，感觉脖子、手臂和肩膀处的肌肉收缩；还可以把手使劲按在椅子上，或是用力按摩后脖颈和头皮，等等。

然后，你可以将这些身体感觉作为锚点，开放地聆听和接触周围的世界，留意能看见、听到、触摸、品尝和嗅闻的一切事物，留意你正在什么地方，正在做什么事。还可以完全按照自己的节奏，尝试快速或是缓慢地完成练习。

实际上，“落下锚点”和“善待自己”几乎同步进行。有时，你先落下锚点，紧跟着自我慈悲；有时，则是采用别的方式，不过都大同小异。

还记得那个饱受虐待的伊拉克难民阿里吗？我邀请他每天至少坚持20～30次锚定练习。看起来次数有些多，不过鉴于他之前饱受创伤后应激障碍的折磨，显然需要相当长时间才能复原。那些“闪回”会继续突如其来地攻击他，将他带回到往日噩梦中。因此，我希望他成为“折返当下”的专家，同时也鼓励你来尝试。

当然，将我们裹挟而去的并不仅仅是痛苦的情绪，自身的想法也很容易卷走我们，特别是那些老掉牙的“不够好”故事会经常拜访，绝少会长时间不来找我们。这个“不够好”的故事极其狡猾，经常换装易容，令人难以辨认，稍不留神就会被它钩住。因此，为了更好地识别出它的各种伪装，我们就来看看“不够好”故事在一些典型现实裂隙中扮演的角色。

嫉妒和妒忌

山姆是一位很富有的企业家，可他经常被嫉妒折磨。尽管已是百万富翁，他却不以为然。为什么？因为他总是将自己和他认识的那些千万富翁进行比较。每当听说别人有多成功，他就万箭穿心、胃如刀绞、咬紧牙关，好像心脏里钻进了一头野兽，狂跳不止。然后，他就痛苦和怨恨，不明白为什么那些人就能那么有钱，自己却不能。

我们都常常陷入妒忌和嫉妒。见不得别人好，很难为之欢呼，而且因之怨怼。别人有的，我们也要！甚至在意识到之前，头脑就会迅速做出比较和判断。每当我们看见（或是听说、想象）别人的职业生涯、伴侣、猫、房子、收入、外表、智力或是性格，头脑就会将这些和我们自己的进行比较，然后认为自己的不够好，继而产生被剥夺感、不公感和缺失感。

换言之，我们再一次被"不够好"的故事钩住了。头脑会说："我们拥有的不够好，需要更多或是更好，最好兼而有之。别人有的，我也要有！"山姆的头脑告诉他：他的收入"不够丰厚"，生意"不够成功"，他"成就不够大"。那么，对你来说，头脑通常会说些什么挑起你的嫉妒？它是否专门盯着你生活的某些方面？是否会用一些特定主题轻而易举将你俘获？

就我而言，我的头脑很喜欢嘲笑我作品的销量。还记得数年前发生的一件挺特别的事。我和史蒂文·海斯聊他出版的自助书《跳出头脑，融入生活》(*Get Out of Your Mind and Into Your Life*)，当他告诉我那本书的销量时，我满心嫉妒。那本书的销量超过了我的书。我在向他表示祝贺时，竭尽全力挤出笑容，不过我怀疑自己看起来面色惨白、深受刺激，而且我感觉好像被人从内脏里踢了一脚。

显然，我的反应是非理性的。如果你读过我任何一本自助书的致谢页，一定会发现史蒂文的名字赫然在前，我特别感激这个男人，理应为他的成功欢呼。其实，当我真正冷静下来，并遵从这本书的建议而行时，我就有能力欣赏他的幸运和富有。但我最初的真实反应就是嫉妒，而且来势汹汹，令我非常震惊。毕竟，我自己的书《幸福的陷阱》（*The Happiness Trap*）同样表现优异，在和史蒂文聊他的书之前，我对自己这本书的销量已经感到超乎寻常的满意。所有这些只能说明一件事，那就是头脑的力量：它能够在半秒钟内剥夺我的一切满足感，然后用不满意的基调取而代之。

我们还需要看看“妒忌”这种占有形式：当伴侣花时间（或是希望花时间）和别人相处时，充满妒忌的丈夫或妻子就会变得很焦虑、愤怒和偏执。在这种情形下，妒忌者常常会听到两个版本的“不够好”故事。第一个是，他们通常会产生一种根深蒂固的看法：“我不够好，如果我的伴侣愿意花时间和别人在一起，她一定会发现他们其实比我好。”而这一个又常常会引发第二个“不够好”：“我的伴侣不够忠贞、可信、忠诚和诚实，她终将离开我或是欺骗我。”

在嫉妒和妒忌这些情绪的内核中，常常能够发现恐惧的踪影。我们恐惧的对象有很多形式：害怕失去物质财富；害怕自己表现无能，害怕自己的渴望被他人洞悉，也害怕因技不如人而被抛弃；害怕失去，也害怕“将就凑合”。你会发现，所有这些形式的恐惧都和“不够好”的故事主题一脉相承。因此，当我们与嫉妒、妒忌或占有欲斗争时，首先就要识别出这是一个“不够好”的故事。不妨问自己：“我的头脑正在告诉我不够好的是什么？是我的身体、头脑、生活、成就、工作、收入、我的孩子们，还是我的另一半？”

接下来要做的就是为它命名，放下它，落下锚点，然后投入那些你正在做的并且富含意图的事。需要注意的是，解离“不够好”的故事当然很有帮助，但这只是整个蓝图的一部分。我们还需要处理身体层面的反应：为不愉快的情绪创造空间，练习自我慈悲。

自我慈悲特别重要。嫉妒和妒忌，以及结伴而来的深层恐惧和表层怨恨，都会令人深感痛苦难熬。这些情绪很伤人，一旦深陷就会受苦。因此，我们需要一直善待自己、关心自己。

还需要警惕的是：头脑可能会把我们自身的反应作为弹药，继续攻击我们。它们可能针对我们最开始的那些反应进行尖刻评判。例如，当反思我对史蒂文·海斯的嫉妒时，我并不喜欢它所揭示的真相：这份嫉妒情绪凸显了我的不安和匮乏。对于这一切，我的头脑能否表达慈悲和理解？会不会对我说："哈里斯，你只是个普通人，有这些情绪完全正常，是人都会这样，放过自己吧？"不会的，它没有那么做，至少刚开始不会。相反，我的头脑会抽出一根大木棒，出其不意重击于我，想尽办法辱骂我。所以，我们尤其需要警惕这一类反应：对自己进行评判、指责、惩罚和归咎。这些无法真正提供帮助，丝毫不能。其实，它们也都是各种版本的"我不够好"，因此，需要留意、命名和放下它们，转而练习善待自己。

企业家山姆起初对我的提议深表怀疑，但我鼓励他尝试。渐渐地，他的嫉妒和尖刻的自我评判有所削减。之前他一向通过自我苛责来鞭策自己，因此，他的自我慈悲不会从天而降。但是，随着时间的推移，他逐渐和自己发展出一种更加美好的关系，进展至此，他也就不会再把与同伴之间的比较看得那么重了。

孤独

孤独是另一种很常见的现实裂隙。不过，先来了解"孤独"（lonely）

和“独处”（being alone）的区别很重要。你很可能体验过独处，至少偶尔为之，并且很享受独处时光。就其内核来说，孤独是指一种失去联结的状态：是在逃避现实，而非投身其中。而且，即便我们正在从事社交活动，也可能处于失去联结的状态：这就是我们常说的“人在身边，心却孤单”，所谓的“人在心不在”，会因彼此之间缺乏联结而深感不快。

在失去联结的状态下，我们会有很多不舒服的想法和情绪，这种体验被称为“孤独”。感到“孤独”，在想法层面表现为我们此时此地的现实“不够好”：“要是某人能在这里就好了”，或是“我真希望不在这里”；“孤独”在情绪层面通常表现为悲伤、渴望和焦虑的混合，有时还夹杂着失望或怨恨。

这么看“孤独”，好像就能找到解决方案了，可以解离想法并为情绪创造空间，但这些还不是全部。之所以感到孤独，不仅表明我们正处于失去联结的状态，同时也提示我们其实是很重视联结的。毕竟，如果不重视，就不会感到孤独，是不是？因此，解决方案还包括积极培育联结。

我们当然可以培育人际联结，只是有时似乎不可行，或者不愿为之。那么，假如我们不能或不想培育人际联结，不妨通过自我慈悲培育和自己之间的联结。我们还可以创造和其他事物之间的联结，比如大自然、工作、兴趣爱好、运动、艺术，等等。只要这些联结对象同时满足以下条件：

（1）此时此刻，我们可以做这件事。

（2）这件事以某种方式对我们富有意义。

我们可以采取行动联结这些事物：投入某种行动，在生活中某个领域承担角色。行动时能专心致志，跳出头脑，百分之百投入到正在做的事情中。

一旦全然投入行动，有关“孤独”的想法和情绪就会逐渐隐去，但是，这种消失只是一份奖赏，而不是主要目标。主要目标是能够过上一种立足当下并富含意图的生活，而不是竭力消除令人不适的情绪。因此，如果那些想法和情绪并没有消失，也完全不要紧。我们可以用扩展和解离做出回应，它们无法真正阻止我们与重要事物之间的联结，这些重要事物会令我们的生活更加美好。

诊断标签

很多治疗师、心理学家和精神病学家都觉得给来访者或病人下诊断非常重要，也就是给他们贴上某种精神障碍的诊断标签，比如重度抑郁障碍、广泛性焦虑障碍、惊恐障碍、强迫性冲动障碍、创伤后应激障碍，或是成百上千种其他的正式标签。毫无疑问，某种诊断在某些语境下特别有用，而在另外一些语境下就可能极其不利。如果某种诊断确实能帮我们让生活朝积极的方向转变，那么在那个语境下，我们就会认为这个诊断很有帮助。

但是，如果我们融合某种诊断标签，即认为自己等同于这个标签，它能概括和代表我们的本质，那就会陷入麻烦。令人难过的是这种情形相当普遍。我就遇到很多在生活中被卡住的来访者，他们融合了贴在自己身上的标签："我是一个抑郁症患者""我有强迫性冲动"，或者"我是一个成瘾者"。请注意，当你用这种方式描述自己时会有什么影响：听起来好像你就是这个标签，这个诊断就符合你。

而且，这些标签通常还会附着在很多其他版本的"不够好"之上，真是雪上加霜："我是破损的物件""我不能理性思考""我一定是哪有毛病""我无法像别人一样应对自如""我很脆弱""别人都不会像我这样"，或者"我搞砸了一切"。

需要提醒的是：在 ACT 中，我们通常并不会分辨这些头脑故事的真假，而是对它们能否有帮助很感兴趣。换言之，如果紧抓这个故事不放，能否有助于我成为自己理想中的人，能否帮助我做令生活更加丰富充实的事？令人难过的是，至少我自己发现，当人们融合这些标签后，不但不会让生活更加丰富多彩，反而会被拖后腿，因为他们融合了这种信念："我做不到……（此处填入重要目标），因为我……（此处填入某种诊断标签）。"而且，一旦紧抓这种看法并受其驱使，行动就会完全服从它的指令，那它通常就会演变成一种自证式预言。

因此，重要的是对标签保持"轻拿轻放"的态度。瓶子上的成分表并不等同于瓶子里的东西。导游手册对某处风景名胜的描绘也并不等同于该景点本身。与之类似，所有的诊断标签也都只是对想法、情绪和行为的某种描述：它与拥有这些想法、情绪和行为的你本人并不是一回事。

这一点同样适用于贴在别人身上的标签。因为每当有人被贴上这些标签时，我们就很容易通过诊断透镜看待他们。那么做对一份关系并无益处：当我儿子最初被诊断为自闭症时，我和我太太就都跌入了这个陷阱，我们立刻就融合了这个标签，后果十分可怕。那种感觉就好像自己的儿子已经从身边被夺走，我们的小男孩不见了，在他的位置上只有一个巨大而沉重的诊断结果。

幸好，随着时间的推移，我们解离了这个标签，渐渐学会只是轻轻拿着它，把它看作协助我们获得有益服务的一种工具。于是，我们的小男孩又回来了。我们能够欣赏他，能在他奇奇怪怪的行为中找到乐趣；也能够接纳他带来的挑战，品味陪伴在他身边的美好时光，而不是只把他看作一个自闭症谱系障碍患者。

显然，这种方法同样适用于处理各种"不够好"的标签，而不是只能用来应对有关精神疾病的诊断。假如完全融合"肥胖""愚蠢""失败者”“没价值”“丑陋”“懒惰”“没能力”“不足”等标签，无论它们是扣在别人头上，还是贴在自己身上，这些标签都没有任何帮助，希望我们可以认识到这一点，然后从中脱钩。

你能否认出“不够好”的故事

如果希望深入了解为什么“不够好”的故事如此司空见惯，或许需要看看这个故事在怨恨、贪婪、完美主义、厌倦、不安和羞耻等情绪中扮演的角色。探索这一切体验，你总会发现共通的两个要素：在身体上出现的一些不适感觉和在头脑中出现的“不够好”故事线。无论是上述哪个要素，还是更常见的二者组合，都能顷刻将我们席卷而去。因此，非常有必要练习如何更加擅长地落下锚点。

有些现实裂隙十分巨大，令人深感震惊、悲痛、绝望或暴怒；而另外一些现实裂隙相对较小，会令我们感到灰心、挫败或烦恼；还有一些现实裂隙处在中间地带。然而，无论裂隙是大是小，我们都拥有一种选择，即如何回应它们。如果一个现实裂隙能够弥合（并且不会引发另外一个更大的裂隙），全力以赴去做就好，但是，如果这个裂隙无法弥合，至少现在绝无可能，那么，相对于战斗或逃跑策略来说，我们需要选择落下锚点：从无益的头脑故事中脱钩，为痛苦情绪创造空间，并且怀着意图全然投入此时此刻正在做的事情中。

The Reality Slap

第13章

回家

此刻，我坐在电脑前，努力让自己投入正在做的事，而头脑却在给我讲述各式各样的无益故事，这些毫无新意，我旋即了然。比如这会儿它在说，假如我的读者真正了解我，目睹我时常深陷心理迷雾，总会情绪化，也经常逃避痛苦而不是真正为其创造空间，他们一定非常吃惊。然后，会当我是“冒牌货”、弄虚作假之徒和江湖骗子，并公开指责我是世界头号伪君子。

与上面这个故事吵闹程度差不多的是一个“真烦人”的故事。它对我说，其实我早就黔驴技穷，现在不过是吃老本，读者早已心生厌倦。这个故事还有个随从，就是那个“截止期到”的故事，它会说时间所剩无几，而我距离写作完成还差十万八千里呢！

紧随其后的是“太难了”的故事，萦绕耳边，低声诱惑：“放弃吧，

放弃吧，放弃吧。”它倒是不吵闹，可是很执着。“这些实在太难了，”它小声说，“你这些早就过时了，没什么新鲜的。放弃吧，放弃吧，放弃吧。”然后就会怂恿我寻欢作乐，比如观看电影、品尝美食、呼呼大睡、享受阅读，反正就是去做些更轻松快乐的事。

我注意到在我身体内部出现了一种对抗的感觉，我感到焦虑和挫败，也感到想要与这些情绪对抗和战斗的冲动。

然后，我的头脑就会再次抽出一根大木棒，使劲打击我：“我为什么要做这件事？为什么要给自己找麻烦？为什么同意这个莫名其妙的截止日期？”同时，靡靡之音再次响起：“放弃吧，放弃吧，放弃吧。为什么不放弃写作？干点轻松愉快的事情多好？”

我留意到自己想要推开、放弃和逃跑的冲动。

我留意到自己渴望回避不舒服的感觉，想要彻底消除那份紧张感。

其实这轻而易举。只要起身离开电脑，做点挑战更小的事情就可以了。

“是的，”那个声音继续低吟，“离开就行了。”

迷雾重重，渐行渐浓，深藏其下的是正在升腾的焦灼情绪。

我该如何是好？

于是，在这个情绪风暴的中央，我落下了锚点。

我将双脚平稳地放在地板上。

然后，进行一次缓慢而深长的呼吸。

先是呼气，把空气从肺部排空。然后，从肺部最深处逐渐吸入空气。

我的胸腔在扩张，腹部在鼓起。

我能够感受到自己正在开放和扩展。

我的胸腔里出现了一种空旷和轻盈的感觉：感觉心脏周围开启了空间。

我回家了。我返回家中，回到身体之家，感觉与身体的接触。

我感觉我的肩胛骨轻轻地向下滑动。

我聆听内心，感觉它正在开放，此间有温暖、轻柔，亦有恐惧。

我再次将呼吸带入其中。感觉自己正在开放，如繁花盛开。

我以孩童般的好奇观察头脑。它也逐渐放慢了脚步，更为轻柔地诉说，并且放下了那根大木棒。

我在呼吸、扩展、软化和开放。

我依然记得善待自己。

我扫描身体，检视残存的抗拒。很快发现，那是从脖子延伸到双肩的两条沉重而紧张的线路。

我向那份紧张感的深处呼吸，并不想驱赶它，只是纯粹为它创造空间，允许它就在那里。这样一来，它得到了释放。

继续留意那份正在呼吸的、温暖而友善的流动感，我将注意力带回到手中之事上。这件事是否有意义，是否很重要？

是的，它有意义，也很重要。这项工作对我来说很重要，深深遵从我的意图。

于是，我怀着温柔和耐心，将注意力再次带回到手边的工作中。

我正在返回此时此刻的生活家园，正在返回自己选择的工作之家。

同时，我问自己："能否放下必须要'做对'或'完成'的想法？"

这项工作确实很有意义，可我并不想自我强迫或是心怀厌恶地赶工。我能否怀着一种开放而好奇的态度工作？能否在这个过程中保持平静安宁，将表达关心和有所贡献作为行动的出发点？能否为这份工作注入单纯之心和慈悲之意？

是的，我可以。

于是，我坐在椅子上，挺直后背，将手指按放在键盘上，继续做重要的事。

* * *

对我而言，写作如斯。我常常反复被想法和情绪劫持。它们将我带走，令我顿失警醒，完全忘记了正念回应。我不能接触当下并解离扩展，而是完全陷身迷雾，要么竭力控制，要么彻底被控制。

然后……我想起来了。于是，我返回当下。

然后，我又忘记了。

然后，我再次想起。

如此循环往复，这正是“回到当下”的自然属性。

在当下停留一会儿很容易，想要一直停留却很困难。

我们的注意力最爱闲逛，很难一直保持专注。因此，必须练习紧抓它。注意力跑开，留意它的跑开，然后再次将它带回；迷失于浓雾中，留意我们的迷失，然后再次让自己返回当下；陷入情绪斗争，留意我们正在和什么纠缠，然后再次练习扩展。而且，余生都将如此。没有完美状态，也没必要追求完美。无人能一直安处当下。你我亦然，有时当下，有时不在。

当然，有些人相对来说会更多地安处当下，这主要归功于他们进行的大量练习。截至目前，本书讨论的都是一些非正式的正念练习，简单快捷，便于日常运用。如果你真正渴望深入发展安处当下的能力，不妨考虑一些正式的练习，比如正念冥想、哈达瑜伽或是太极。

我经常强烈推荐一种极有用的正式练习：正念呼吸。练习内容是专注呼吸，无论呼吸跑开多少次，都反复将其带回。附录B具体描述了这个练习。需要提醒你的是，如果你之前从来没有做过这个练习，或许会惊讶地发现它很有挑战。在注意力每次跑开之前，能专注呼吸10秒钟都算相当不错了。

自我成长的最大挑战就是完美主义。其实我们很清楚，完美并不存在——我们都有缺陷，都会犯错，永远都有进步空间。但很多人会轻易忘记这一点，头脑时刻告诫我们本应更加努力，本应做得更好，不堪忍受不完美的结果。对此了然之前，人类永生为奴。我们敲锣打鼓，长年劳作，汗水淋漓，身心俱疲，最害怕的就是不能把自己的潜力发挥到极致；我们反复检查，累次勘误，从来不相信已经没有错误；我们总是回到起点重新开始，或是干脆彻底放弃，因为永远感到与自己的期待相去甚远；我们也毫无怜悯之心，每逢失败或“表现不佳”，就会挥起皮鞭，声声作响，无情地自我鞭笞。

其实，完美主义也只是另一个版本的“不够好”故事。正如我在本章开篇提到的个人故事一样：“冒牌货”“真烦人”“太难了”和“截止日期”等。显然，“不够好”的故事能够幻化出成千上万个版本，但我们的处理方式却异曲同工：留意它们的出现，并为它们命名。

尽力表现完美并无助益。正念技术永不完美，唯有不断改善，每个练习时刻都会有帮助。即便我们整整一个星期都陷入迷雾，甚或是一个月、一年的时间，只要我们能发现这一点，当下即可重获自由：一份自行选择的自由。我们可以选择继续停留在迷雾中，也可以选择做些令人更加满意的事：留意故事，命名故事，重返当下。

现在，我必须承认，只要涉及将这些理念用在自己身上，似乎总有极大的提升空间。我曾拥有欢乐的时光，也曾经历糟糕的岁月，有时感觉自己很强大，有时感觉自己很脆弱。但是，随着时间的推移，我在不断进步。近日以来，我已经变得不再那么急于逃离现实裂隙，也更少与它对抗或是连声抱怨。与之前那些方式不同，我现在会尝试返回当下，以好奇的目光注视此时此刻的生活，然后问自己：“就这件事来说，我要选择什么立场？”这是每个人都不断面临的重大议题，接下来还将深入探讨。

选择立场

第四部分

The Reality Slap

The Reality Slap

第14章

我的意图何在

我在二十五六岁时经常想到自杀。那阵子，认识我的人听我这么说都会深感震惊。朋友、家人和同事都不清楚我活得有多悲惨，因为我很善于伪装，想尽办法让身边所有人都深信我生活得很幸福、充实和满足。

从周围观察者的视角来看，我确实完全没有理由悲惨。总体来说，我看起来“应有尽有”。我已经从寒冷潮湿的英国成功移民到艳阳高照的澳大利亚，已经在世界上最令人兴奋的城市墨尔本的时尚社区购置了一套很棒的房子。年纪轻轻就获得博士学位，我的工作也备受尊敬，薪水很高，而且很有趣。我还有个很特别且回报颇丰的业余爱好：单人脱口秀（stand-up comedy）。我在墨尔本的一些喜剧俱乐部定期扮演“哈里斯博士”(Dr. Harris)，这不仅是很棒的消遣方式，同时也能为我赢得很多财富、赞誉和名声。(虽然不是盛名和巨款，但我觉得还挺好的，有时还能跑到澳大利亚国家电视台露个脸，比如在“今夜直播”和“午间秀”这些栏目。)

但是，纵然“应有尽有”，我还是深感不幸。这可能有若干原因，不仅是因为我的内心有一位严厉的“批评家”，会持续生产自我评判的想法，更为重要的是我有一种无时无刻、无处不在的空虚感。

“这一切到底有何意义?”我常常深感困惑。是的，我的工作很好，房子挺大，收入颇丰，爱好很棒，这又如何?这些到底有什么意义，对生命而言又意味着什么?我还有很多消遣方式——买衣服、书和 CD，看电影，去顶级餐厅用餐，品尝上乘的葡萄酒，还可以享受深潜（scuba-diving）和出国旅游等兴趣爱好。这些纵然令我快乐，却难以让我满足。我缺乏一种使命感，只是做一天和尚撞一天钟，掷色子一般碰运气，看看幸福是否会来敲门。生活中一定还有超越这一切的事情在等着我，对不对?

最终，我的悲惨感觉促使我开启了探寻之旅。这是一次寻找答案的旅程，不仅是为我自己，也是为了我的来访者。他们好像和我有着同样的困惑。然后，我发现，为了获得“重大答案”，就需要先探寻“重大问题”。

- 内心深处，对我而言什么是真正重要的?
- 有生之年，我要选择怎样的立场?
- 我想要成为什么样的人?
- 我想要如何对待自己、他人和周围的世界?
- 我想要培养哪些个人特质?

继续阅读前，请你花时间思索这些“重大问题”的答案。

* * *

当下和意图是一对亲密伴侣。意图为我们的生活指明方向，当下能支持我们充分享受旅程。如果只是安处当下，但缺乏个人意图，就如同一艘失去风帆的快艇，只能随波逐流，任凭风浪拨弄，难以把握航向。很多人认为意图只能作用于外部世界，比如体现在一份关系或是一份工作中。其实，只有在你的内心世界，才能真正发现意图。

在我早年的行医生涯中，我对此深有体会。或许你认为医疗行业天然肩负某种使命：关爱他人，治愈病患，呵护疾苦。但其实这并不是必然的，承认这一点令我感觉很尴尬，当时，我还是一位新手医生，对病人完全漠不关心。我和病人之间缺乏联结，对其所思所想也毫不敏感。我基本上把工作看作提供充分的医疗处置方案，让病人的病情得以好转，然后尽快出院。如果病人的病情恶化，康复缓慢，我不是去关心病人，而是感觉心烦意乱：将他们看成“麻烦事”，是给我的工作添乱。那时，我从来没想过和病人建立一种充满关心的深层联结，偶尔发现有同事真诚地关心病人，并且亲切地和他们交谈，我都会摇摇头，感到莫名其妙：谁有那么多工夫做这些啊？

和病人缺乏联结并且丝毫不投入感情，这让我在工作中很难心满意足，我也是花了很长时间才意识到这一点。特别有意思的是，最开始让我开窍的是一部名为《医生》（*The Doctor*）的好莱坞电影，由威廉·赫特（William Hurt）主演。这部电影根据一位心脏外科医生的真实经历改编而成，电影中的医生医术高超，但缺乏对病人的共情和关心。不过，当他自己被诊断为喉癌，开始服药，并且发现主治医生的风格和自己如出一辙时，这一切都发生了变化。他面对的医生也是医术高超但待人冷漠，他很不喜欢被这样对待，最终，他自己转变成了那种特别友善、体贴和慈悲的医生。我就不再剧透了，希望你能看看这部影片。总之，在影片尾声，这位心脏外科医生已经彻底地发现了慈悲的重大意义。

我第一次看《医生》这部影片是在 1994 年，我当时正就职于一家私人诊所，担任社区医生。看完影片那一刻，我突然“开窍”了，我心想：“这正是我想要的方式：富有慈悲，关爱他人，而且充满感情。”于是，第二天我就有意识地将这些品质融入工作，我开始放慢问诊速度，花更多时间询问病人的心情，对他们的痛苦和恐惧感同身受；同时，我也会通过语言和身体姿势表达真切的关心和善意。

结果令人惊奇，不仅病人的反馈更加积极，而且工作本身也更加令我满足，我感觉工作更有意义了。

然而，同时也会有些不良后果。我对病人更加关心，问诊时间延长，然后越来越长，越来越长。担任社区医生的早期，我平均每 8 分钟问诊一次，而在我转变态度的那一年，我平均半个小时才能看完一个病人。而且，在会谈中至少会用一半时间谈论病人的心情和遇到的麻烦，以及他们内心的希望、梦想和抱负，而不是仅仅讨论医疗处方。这样做的感觉真的非常美妙，特别美好。只是我没有预料到，随着会谈时长的逐渐增加，我的收入却越来越少。

昔日的澳大利亚医保体系是这样运行的：相对那些单位时间问诊数量较少的医生来说，社区医生在单位时间内问诊的病人数量越多，挣钱就越多。于是，当我平均要花半个小时才能看完一个病人时，我的收入就降到了原来的一半！然而，令人惊讶的是，我并不会真正介意。为什么？因为我比之前要心满意足得多！我的生活更加丰富多彩了，这个交易很值得。事实上，我发现和病人之间的这种关心和慈悲的联结对我而言是一种丰厚的犒赏，以至于我最终决定转行，意在获取更多这种奖赏：我再次接受专业训练，成为一名心理治疗师。猜猜我的收入会怎样变化？对了，进一步下滑！只有做社区医生时的三分之一。

但是，这又是一次十分划算的买卖。我的收入突然下降，满足感却与日俱增。因此，我从来没有后悔过当初的决定。长路漫漫，蜿蜒崎岖，我最终过上了一种更加丰富和充实的生活（我也开始写书，比如这本），这些经历让我更为深信老话说的：有钱难买我乐意！（顺便说一下，这句话已获得很多很棒的科学研究的证明。）

探寻意图

我们的每一个行动都服务于某个意图，从洗碗到吃冰激凌，从结婚到填报税务单，从夜晚在电视前昏昏睡去到清晨起来赶去慢跑：一切行动背后都存在某种个人意图——我们会通过行动来做成某事。但是，我们能否经常意识到自己的意图呢？能否让自身行动有意识地服务于某种对我们而言更有意义且更加宏伟的使命呢？

大多数人对上面这两个问题的回答是："不能。"我们很容易浑浑噩噩度日，开启自动导航模式，并不会有意识地选择做什么，在做的过程中也常常忘记要实现怎样的个人意图。这样一来，每天大把的时间就都会在不满中度过。但是，假如我们能有意识地让自身行动和自选意图一致，为自己找到做某件事的重要理由，那么，一切都会有所不同。生活会充满意义，我们的方向也更明确，感觉自己正在开创理想生活，充满了生命力，深深感到满足，而在自动导航模式下，我们完全体会不到这种美妙的滋味。

每当我询问来访者的生活意图时，他们通常感到困惑、焦虑或是"不知道"。（也有些例外，有些人从过往的经历中发展出一种使命感）于是，我就会问他们上面那些"重大问题"以引发思考。ACT 将这个过程称为澄清价值，它非常重要，我们都是通过价值为生活赋予使命感。

那么，准确地说，到底什么是价值？价值是你内心深处的渴望：你想要成为什么样的人，想要在持续行动的过程中展现何种特质。价值和目标不同：目标可以获得和达成，可以从任务清单中划掉以表示结束；价值则是一个持续的过程，直至离世的那一天都可遵从。

如果你还是对这个概念心存疑惑，这很正常。我们所生活的社会注重目标导向，而不是价值导向。实际上，人们通常谈论“价值”时，说的都是一些规则或者目标，因此，我们有必要澄清它们之间的区别：价值是你想要如何表现，而目标则是你想要获得什么。如果你想要有一份很棒的工作，有一套大房子，觅得一位人生伴侣，或是生几个孩子，这些都属于目标。一旦达成，就可以从清单上划掉：“完成！”与之相比，价值则是关于你怎样完成这些目标，在实现目标的道路上想要如何表现，特别是当目标无法达成时，想要如何自我表现！

例如，如果你的价值设定在保持爱、友善和关心的态度，那么，你现在和以后永远都可以用这种方式自我表现，即便你并没有找到伴侣和养育孩子，即便你完全没有实现这些目标。反之，你也可以真的找到伴侣并养育子女，这些目标已经达成，但却完全忽视要保持友善、爱和关心的态度。与之类似，如果你在职场的价值设定为更有生产力、效率更高、善于合作、重在参与并承担责任，那么，你现在就可以这样表现，即便目前的工作“诸事不顺”和“糟糕至极”。反之，你也可以换一份更好的工作，却完全忽视践行前面提到的那些价值。

现在，假设你想要得到爱和尊重，这是“价值”吗？不是，它们是“目标”！目标是指努力争取一些事物，这里是指你想要从别人那里获得爱和尊重。而价值则是关乎你在追寻目标的过程中自己想要如何表现，而不在乎最终能否达成目标。因此，如果你想要表现得有爱和尊重，这是价值。这些是你渴望在行动中体现的个人特质，只要你想，就能够在自身行动中体现出对自己和他人的爱与尊重。但是，被爱和被尊重则属于目标的范畴（或者说是“想要”和“需要”的内容），它们并不在我们的控制范围之内，我们无法勒令他人爱或尊重我们。事实上，越是试图攫取别人的爱和尊重，就越会适得其反。而一旦能够更加爱和尊重别人，反而更容易得到同样的回报。（我不能确保这一点，毕竟生活不会总有神话故事般的美好结局。）

那“规则”又是指什么呢？如何区分“规则”和“价值”？规则通常很容易识别，通过诸如“正确”“错误”“好”“坏”“应该”“不应该”“不得不”“必须”和“应当”这些词就能辨认。规则告诫你如何生活，怎么做是对的，怎么做是错的。价值不管这些，它只描述你想要带入自身持续行动中的某些特质。因此，“你不能杀人”不是价值，而是一种规则。规则会告诉你该做什么，不该做什么，以及是非对错。就“你不能杀人”这个规则来说，其背后的价值是关心和尊重（人的生命）。

我们可以运用自身价值来协助制定能指导自己的规则，但更重要的是明确二者的区别，它们不是一回事。“价值”能给人一种自由感，我们有很多不同的践行价值行动的方式；与之相对，“规则”常给人一种强制感，我们的选择会受到压制和限定。设想这种情形，我们帮助他人是因为主动联结了自身价值，我们就是希望友善而温柔地待人；再设想另一种情形，我们帮助他人是因为融合了某些僵硬的规则：“这么做是正确的”“应该这么做”，或是我们“欠他们的”“有义务这么做”。显然，前者更容易令人感到自由自在和精力充沛，后者通常令人感到被苛求、被消耗和不堪重负。

价值、目标和规则都很重要，我们要在生活中充分利用，但更要留意它们之间的区别，根据想要的不同结果灵活施用。例如，我们可以用价值制定目标和引导行动，同时帮助设立有用的规则（比如伦理和行为准则）。

那这一切和现实裂隙又有什么关系呢？一旦落下锚点，接下来就要采取行动，要选择一种面对痛苦的立场。在放弃中绝无满足可言。因此，每当生活探问我们："你这么坚持到底所为何来？"我们就可以在自身价值中探寻答案："我在为理想之我而战斗，我在为珍视之事而行动。"这种回应能够为生命赋予使命，令人感到值得为之而活，让我们的生命充满意义。

假如这么说你还是不明白，或者只是有些概念却还不确定自己的价值……你猜怎么着？这十分正常。下一章我会提供一个小练习，帮助你更加明白。目前，还是请你进一步思索前面提到的那些"重大问题"，看看你的答案会不会和汉弗莱·戴维爵士（Sir Humphry Davy）心有灵犀：

生命并不是由伟大的牺牲或职责构筑，而是由微小之事织就而成，在笑容里，于仁慈中，行微不足道的善举，一以贯之奉出这点滴，你将会赢得心灵，葆其鲜活，并给予它可靠的抚慰。

The Reality Slap

第15章

意图与痛苦

生活既友好又残忍，它会大方地给我们分派种种美妙和恐怖的体验。我在做社区医生时曾遇到很多饱受生活之苦的人：被大火毁容的孩子、患致命疾病的婴儿、原本身强力壮如今病弱不堪的成人、曾经聪慧过人如今罹患痴呆的老者。我也曾亲眼见过各种伤害（暴力和灾祸）造成的扭曲残破之躯；见过来自国外的难民，遭受强奸和折磨或是痛失大多数亲人之后，挣扎着重建生活、再次启程；见过刚刚丧亲、悲痛欲绝的人们撕心裂肺地哀号；见过神志不清、近乎癫狂的母亲抱着自己刚刚死去的婴儿；见过疮口流脓、浑身疱疹的男人，也见过骨折、动脉破裂出血的女人；见过失明者、失聪者、瘫痪者，以及病入膏肓的人和刚刚患病的人。

但是，在这一切痛苦之下，我也见过勇气、友善和慈悲。人们伸出手来，互相扶助；家人齐心协力，共渡难关；友邻彼此靠近，十指环扣。

我见过怀着尊严从容赴死的男女，从他们破碎的心灵里流淌出爱与深情。我见过失去孩子的父母在一片废墟上徐徐重建生活，源源不断涌出内在的力量，坚持不懈、生生不息。

人们能够在至深痛苦中呈现伟大和热忱，这一直令我深感震惊。可怕的危机常常激发我们内在的美好，让我们迅速开启心灵，并转向对自我内在的探寻，在内心深处发现此生的意义。

显然，没有人喜欢或是想要现实裂隙。实际上，裂隙越大，人们越厌恶它，越会不顾一切想要消除它。然而，我们可以选择如何回应现实裂隙，而且，在面临重大危机时，我们的选择有时甚至会令自己刮目相看。尽管难免会自我怀疑和自我苛责，但我们还是能够在危机之下表现得十分勇敢，并且发现自己的内在能够源源不断涌出勇气和力量。

令人难过的是，只有当被现实打击和踩踏时，大多数人才会开始探寻内在资源。为什么非要等到那个时刻？为什么不从现在就触碰自己的内心，澄清我们真正的生活立场，从而让自身行动符合自选意图？若能如此，那么当现实裂隙真正张开血盆大口时（它一定会的），我们就会胸有成竹。谋定后动非常关键，假如我们能明确生活意图，就更容易和现实裂隙和平共处，并为裂隙引发的痛苦情绪创造空间。尽管所有的痛苦并不会消失，但我们依然能够通过有意义的行动让自己充满活力。如果缺乏意图，那么一旦痛苦变得强烈，我们就很容易束手就擒，我们会深陷绝望、踟蹰不前并虚掷光阴。但是，假如能为生活注入意义，那么困厄来临时我们就不会再轻言放弃。

我曾提及每当询问来访者生活的意义、目的或价值时，他们通常感到非常焦虑、困惑或茫然。然后，我一般会带他们做“甜蜜点”的练习，这个练习由我的一位导师创立，他就是伟大的心理学家凯利·威尔逊（Kelly Wilson）。现在，我邀请你来试试这个练习的简版。

甜蜜点

首先，邀请一份回忆来到此时此刻，近期的或远期的都可以，其间盛满了生活给予你的甜蜜。（诚然，生活中充满悲伤和痛苦，但也提供了许多丰富和甜蜜的体验。）不需要回忆特别重大的事，可以回想有纪念意义的事，比如，在瑞士阿尔卑斯山滑雪，攀登喜马拉雅山，将刚出生的孩子抱在臂弯。还可以回想：在咖啡厅翻阅报纸，品尝刚刚沏好的咖啡；和朋友们打网球；在海滩上读书；在阳光灿烂的下午开车穿过公园；拥抱深爱的人；演奏最喜欢的音乐……任何能够让你品味生活之丰富美好的事都可以用来回忆。

现在，请你闭上双眼，尽可能生动地回忆，仿佛那件事就发生在此时此地。看看你能否让自己置身于那份甜蜜中，尽情品尝它，让它流经并充满你的身体，欣赏那一刻丰饶的生命。这么做或许会让你发现这份甜蜜的回忆中也掺杂着些许痛苦。这可能会令你感到有些悲伤、渴望和遗憾。这不足为奇，爱之深，痛之切。因此，当你沉浸到这份回忆中时，请尽量保持开放，为出现的一切创造空间，无论是甜蜜还是伤感，无论是愉悦还是痛苦。

读到这段结束时，请你把书放下，挺直后背，肩膀自然下垂，双脚温柔地安放在地板上。闭上眼睛，进行几次缓慢而深长的呼吸。在你感觉到平静和专注后，请再次邀请那份回忆来到此刻，尽量让它更加具体和生动。至少花一两分钟或是你需要的更长时间完成练习。再现回忆时，请你沉浸其中，四下观察，进行更多探索，留意你能看见、听到、触摸、品尝和嗅闻的事物。真切地品味那份甜蜜，让自己真正感受它，同时，为出现的一切创造空间。

* * *

做这个练习，你发现了什么？是否感到愉快，还是感到悲伤或感受到了其他痛苦情绪？如果你感到悲伤或痛苦，请对这些情绪保持开放，并为它们创造空间。以上只是部分练习，接下来还可以继续练习在回忆中自我观察。

留意在那份回忆中，你正在做些什么。

留意在那份回忆中，你正在如何表现。

留意在那份回忆中，你展现出了怎样的个人特质。

留意在那份回忆中，你和正在做的事情之间的关系具有怎样的特征：是彼此联结，还是缺乏联结；是投入其中，还是心不在焉。

留意在那份回忆中，你如何待人待己，如何对待周围的世界。

接下来，请至少花几分钟思考以下问题：

这份回忆揭示出你希望体现的个人特质是什么？

关于你理想的行为方式，这份回忆给了你哪些启发？

三个 C

在 ACT 视角下，价值并无对错之分。例如，假设你想让自己保持爱、关心、自主、慷慨、支持、敏感或宽容，这些价值都无所谓对错。你所在的群体或许会对你的价值做出评判，如果他们认为其中有些是

"好的"，就会称之为"美德"。但实际上，价值本身并无对错，就好像我们对比萨或葡萄酒的口味偏好一样，何来对错之分？如同每个人都有自己偏好的食物味道，价值描述的是我们偏好的想要体现在持续行动中的特质。

正因为如此，没有一位ACT教练或治疗师会幻想着直接告诉你"要遵循什么价值生活"，只有你才能为自己做出选择。不过，我很想分享一些或许有助于你澄清价值的信息。毕竟，我曾向成千上万人询问价值，他们的回答各不相同，却都可以归纳在三大主题之下：联结（Connection）、关心（Caring）和贡献（Contribution）。我敢打赌，你的那份"甜蜜回忆"也包含这些价值，就让我来问问你：

在那份回忆中，你是否处在深深的联结状态，即全然投入地做某事，参与某些活动，或是在那一刻和某人完全在一起？你是否和他人有所联结，还是与神奇的大自然产生了联结，或是在人际互动、品尝美食和欣赏音乐的过程中与这些事情保持联结？你是否在与某些活动保持联结，无论是身体活动、心理活动还是一些富有创造性的活动？你是否与自己的身体、思维和心灵保持联结？

同时，在那份回忆中，你是否关心某人、某事或某项活动？你的心灵是否保持开放而宽广？你是否在和一些对你而言很重要的事情产生联系？你是否在表达对自己或他人的关心和爱？你是否把某人某事视若珍宝、捧在心尖？

另外，在那份回忆中，你是否在对某人某事有所贡献？你是否在对自身的健康和福祉做出贡献？你是否在为他人贡献出支持、滋养、帮助和爱？你是否在爱护自然或是保护环境，或是在呵护自己的身心？你是否在做一些令人感激的事，或是对所属的小组、团队和社区有所贡献？你是否在和某个你爱的人分享一些特别的事？你是否表现出善意、温暖或温柔？你是否贡献出爱、热情、好奇、勇气或创造性？

*　*　*

必须承认，写这个部分让我感觉特别紧张。之前提到，在 ACT 中不会直接告诉你要选择什么样的价值，但会提供各种练习帮助你澄清价值。（参见附录 C 中的价值澄清练习。）因此，我需要再次强调，这三个 C 并不是“正确答案”，也不是“最佳的”和“最适合的”答案，你也完全没有必要认同这些价值。但是，这三个 C 会很常见，很多人发现它们很有用，可以依此追寻一种遵循个人意图的生活。（这也是为何你会在生活中反复碰到这三个 C，它们跨越不同的社会形态，几乎贯穿在人类历史的每个阶段。）

显然，生而为人，我们可以有很多备选的价值。（在附录 C 中，你会发现一份包含 58 项常见价值的清单。）不过，仔细观察就会发现，几乎所有价值的根基都是这三个 C。例如，关爱、慈悲、友善、诚实、亲密、信任、创造性、正直、开放、宽恕和勇气，这些价值全都是建立在三个 C 的基础上：联结、关心和贡献。为了详细说明这一点，先来看看爱的根基。

爱的三大支柱

听到“爱”这个词语，你的脑海中会浮现什么？很多人认为爱是一种感觉：一种令人极为快乐的情绪，让你的心灵充盈着喜悦。同时，我们也把爱看作一种行动。例如，当你说“她是一个非常有爱的人”时，指的可能并不是她的感觉，而是她的行为方式：其言其行，姿势体态。如果我们想要很好地去爱——爱他人，爱世界，也爱自己，那通常就需要三个 C 的帮助。

以父母爱孩子为例，如果你想成为一位充满爱的父母，那么只是感觉到对孩子的爱是远远不够的。很多父母都能感到自己很爱孩子，却会忽视和虐待孩子。要成为有爱的父母，你必须有爱的行动。

你需要与你的孩子联结：投入时间和孩子相处，陪伴孩子时要专注，即保持心理在场。（假如你总是分心，并不投入而且漠不关心，那么，你传达给孩子的是什么信息？）

同时，你需要关心孩子：关心孩子的身体健康和幸福快乐，理解孩子的恐惧、热爱和梦想，了解孩子看待这个世界的方式和对未来的期许。（假如你对这些都漠不关心，那么，你传达给孩子的又是什么信息？）

然后，你还需要对孩子有所贡献：积极地滋养和支持、帮助和鼓励孩子，抚慰孩子的情绪，让他们感到安心，给予孩子友善、理解和爱，为他们倾注时间、精力和注意力。（如果你贡献很少或是全无，那么，你传达的又是什么信息？）

希望你能发现，联结、关心和贡献正是爱的三大支柱，不仅关乎我们如何爱孩子，也关乎我们如何对伴侣、父母、宠物、工作、亲朋、爱好、活动、环境、地球或者我们自己保持爱意。而且，假如你用这种方式探索其他人类价值，也总能发现三个 C 正是所有价值的基石。

意图和关系

假设我们的生活就好像一个巨大而复杂的关系网，我们身处其中，面临着与自己身体的关系，与自己头脑的关系，与亲朋好友及同事的关系，与工作和环境的关系，等等。如果我们想要将自身意图带入生活，即为某些重要之事而奋斗，那么，以此为出发点会非常有帮助，有助于我们放下那些无益的头脑故事，比如“生活毫无意义”“我不知道怎么生活”，或“难道一切仅此而已”。我们可以不与这些没有帮助的故事融合，转而发现：无论生活是美好还是恐怖，它都如同一幅错综复杂的织锦，其间编织着丰富的关系网络，而我们设定的意图是尽量让这些关系更加美好。

如果你认同此理，就需要随时为生活注入意义。选择一份重要的关系，促进它蓬勃发展。如何做到？你能猜到，其实正是通过联结、关心和贡献这三个 C，下面就展开谈谈。

联结

假如你希望充分享受关系，首先需要联结：投入和参与其中，全然安处当下，并且保持有意识的、开放和专注的状态。相对失去联结和“心不在焉”的状态来说，充分联结人和事会令关系更加丰富。

关心

假如我们漠不关心，关系就会毫无希望。当我们真正在意一段关系时，就会在行动中体现关心，这会令这段关系茁壮成长。如果在行动中表现出敌意、冷漠和忽视，那么这段关系必将枯萎。

贡献

为了促使一段关系茁壮成长，我们需要有所贡献：支持和帮助，付出和给予，培育、关心和分享。假如完全不付出，这段关系就会令人受苦。

* * *

为了说明这一点，我们来看看三种不同的关系。首先，考虑你和这本书的关系，你能否联结书中的这些话语？能否投入阅读的体验？是否关心你正在阅读的内容？是否在意这些内容会不会对你的生活有用？你能否贡献自己的热情和好奇心？请思考：你有没有过和一本书的内容完全缺乏联结的经历？也就是，你完全不关心这本书的内容，就更别提对它贡献你的热情和好奇了。如果你有这样的体验，你是否感觉到被奖赏和心满意足，还是感觉那纯属是浪费时间？

其次，考虑你和自己的关系，即自我关怀。显然，它也是以三个C为基础：你正在与自己建立联结、关心自己，为自己贡献友善。

最后一种重要的关系有关解离和扩展。在练习这些技能的过程中，我们是否可以与自己的想法和情绪建立一种更好的关系，关心它们的内容，以及它们对我们产生什么影响；与它们建立联结，留意它们出现在哪里，正在做些什么，看起来怎么样，听起来如何，感觉起来又像什么；为它们做出贡献，提供空间和安宁，也慷慨奉献出我们的好奇。

* * *

这个方法的最棒之处在于它会令我们即刻感到生活的意义，无须等待，无须找到美好理由和明确目标后才开始。只要将三个C带入此时此地生活中的每一种关系即可。下一章会探讨如何做，此刻我们还是先来欣赏一下加拿大诗人亨利·德拉蒙德（Henry Drummond）的诗：

回首此生，你终将发现，
那些真正活过的时光，
正是你奉爱之精神而有所作为之际。

第16章

什么真正有用

你有没有听过这种说法："只是想想，能有用吗？"

深入思考就会发现这句话的含义：有人想给你买生日礼物和他真正买给你，这之间有没有区别？你有犯罪的想法和真正实施犯罪行为，哪种情况会受到法律制裁？想成为一位充满爱心和乐于奉献的父母，和在实际生活中真正爱和支持孩子，是不是一回事？恐怕没有一个孩子会说："我真的特别感恩我爸爸，尽管他很自私，在我需要时他从来不在，但他一直都想要更加关心和照顾我。"

是我们的行动真正有用，而不是我们的想法，这就是现实。其实这样蛮好的，否则我们就会陷入大麻烦。想想你在生活中有过的各种愤怒和复仇的想法，当时你很想做些伤害别人的事，比如疾言厉色地自我辩解，脱口而出侮辱贬低他人的污言秽语，或是想将复仇诉诸行动。你是不是也想过离开现在的伴侣?(假如你从来不这么想，那你真的不是普通人，几乎所有人在一段长期关系中都会有这种想法。)远不止于此，如果人们能公开承认自己的想法，场面一定会十分尴尬。所以，如果想法真比行动有效，生活将会变成什么样?

我们用行动而不是想法创造生活。我最近的一位来访者一直在考虑结束自己琐碎无聊、毫无进展的工作，再次受训成为一名心理学家。可问题是，他已经考虑了10年，却从没有采取行动！我们是不是也会这样？大多数人终其一生都在构想宏图伟业，却从未真正付诸行动。

当然，我们也常常说，“想想也行啊”，这么说是想尽量让别人感觉良好，因为我们怀疑他们感觉不好，毕竟他们没有做自己认为重要的事（比如买个生日礼物），而我们想要减轻他们的心理负担。因此，下次遇到这种情况时，为什么不带着真诚和慈悲的态度表达自己的真正意图呢？比如说：“嗯，你我都只是普通人，真的没关系。”

当你下一次思考生活中某个重要或有意义的领域时，不妨问自己这个问题：“我能做的最小的事是什么？为了让生活中的这个领域发生一些变化，我能做的最轻而易举的事是什么?”归根结底，想要开创理想生活，微小之举也远胜千言万语。

这正是3个C能真正发挥作用的地方。我们都拥有很多不同的价值，也很容易迷失在头脑中，总在考虑如何过上一种富含意图的生活。而3个C可以帮助我们跳出头脑、投身行动。无论何时何事，都可以问问自己这两个问题：

- 此时此刻，对我来说最重要的是哪一种关系？
- 为了让这种关系充满联结、关心或贡献，我能做些什么？

举例来说，设想此时此刻对你而言最重要的关系就是你与想法和情绪的关系。那么，你能否与你的想法和情绪有所联结：留意它们出现在何处，正在做什么，以及你如何回应它们？你能否关心一下你的想法和情绪：承认它们在你生活中扮演着重要角色，正在诉说对你而言真正重要的事？你能否为你的想法和情绪贡献一些平静、空间和好奇？

设想现在对你来说最重要的是你和身体的关系。那么，你能否和身体联结并保持好奇？你的身体感觉是怎样的？你的身体正在做什么？它如何行动？哪里有紧张感，哪里又是放松的？什么地方是强壮的，什么地方是虚弱的？怎样才能帮助你的身体更加良好地运转，怎样又会令你的健康状况恶化？你能否对你的身体表达关心，并且为它做出贡献：做做伸展运动，锻炼身体，吃好睡好，定期体检，或是学习新的身体技能，去公园里散步，等等？

假如此刻对你来说最重要的是和头脑的关系。那么，你能否和自己的头脑联结，留意正在发生什么？头脑是否在做些对你有帮助的事？如果你试图关心头脑并有所贡献，能否让它休息一会儿？或是学习一种新技能，为它带来一些新奇有趣的事物，比如一些新书、音乐或电影？

假如你此刻最重视的是和艺术、运动、爱好、工作、学习的关系，那么，在联结它们时又会发生什么，你能否全神贯注投入其中，放下那些分心的想法，允许它们自由来去？当你对这些事有所贡献时，会发生什么？你能否在做事过程中带着热情、好奇、勇气、创造性和耐心？当你很在意这些事时，你和它们的关系又会有什么变化？也就是说，当你能对这些事更加感恩，并且在行动时能更关心、思虑周全，会发生什么？

假如此刻最重要的恰好是和一个人的关系，那么这三个问题同样适用，无论那个人是伴侣、孩子、朋友、邻居、老师、学生、导师、客户、老板还是同事。你要如何带着开放和好奇与他们联结？或许你会更留意他们的脸庞、说话的声调和身体的姿势，还有他们正在说什么。你如何用行动表达关心？或许你会对他们的情绪、想法、信念、态度和头脑预设表现出更多好奇，尝试理解他们的世界和内心需求。你还能怎样帮助他们？不需要做很大、很夸张的事，微小的友善和关心之举同样有用。

当然，假如某人对你很不友好，可能你就需要转换自己在这段关系里的优先权。首当其冲的是关心自己的健康幸福，对自己有所贡献，那么你就有必要做些自我保护和自我照顾的事情，并且尽量满足自己的需求。如果这种糟糕的对待方式一再持续，也可以考虑结束关系。(并不是只有这个选择，即便是这样，可能也未必是最佳选择。例如，如果你很关心一个自己爱的人，但这个人因患有某种疾病而总是虐待你。) 无论什么情况，只要是身处一份持续的关系中，你都应该优先考虑关心和照顾好自己。

希望你能发现，这 3 个 C 对于每一种关系都至关重要，无论是与人或宠物、与迷信或科学、与艺术、自然或科技的关系。以一位 22 岁的大学生罗博为例，他之前学习了五年建筑学，兼职做侍应生来负担生活用度。他很清楚做侍应生只是权宜之计，一年之后他将成为一名建筑师，这份临时的工作并不需要他待在恐怖的地方或是面对可怕的老板，他只是单纯不喜欢它。他还有别的兼职工作，包括打扫和整理货架、制作汉堡，还有在酒吧做侍者，这些工作更让他讨厌。

因此，我会询问他如何利用 3 个 C 来转化和现有工作的关系。假如他能更多和顾客联结，情形会怎样？假如他能更加安处当下，会有什么不同？带着开放和好奇的态度，留意顾客的衣着发型、声音语调和说话的节奏，会发生什么？留意顾客吃饭和说话的方式，留意他们的面部表情和身体姿势，又会发生什么？

而且，假如他能够更加关心顾客，关心他们的就餐体验和自己提供服务的质量，又会是何种情形？在我的启发下，罗博想到一个好主意。他会加强和身体的联结，确保自己展现最佳的身姿，双手捧着比萨时就仿佛它是一件无价的艺术品。他也会关心自己怎样将比萨从半空中放到桌子上，放下时好像是在敬献给一位国王。同时，他会在这个过程中贡献温暖、优雅和美丽，并展现他一流的幽默感。

结果如何？他的工作不会神奇地转变成“梦想中的工作”，但确实能够更令他心满意足。他不再仅仅是个“比萨侍应生”，而是在对人们的生活做出贡献，在挑战自己的身体，倾情投身世界，也在发展正念技能，这个过程令他兴致盎然。他对 3 个 C 的作用深感惊讶，不再觉得工作怵头和心烦。现实裂隙并未弥合，在他的理想工作和实际工作中间依然存在巨大差异，但是，他已然拥有将意图注入生活所带来的那份志得意满！

第17章

四种路径

如果只是站在那里，痴望大海，你将永远无法穿越海洋。

——拉宾特拉纳特·泰戈尔（Rabindranath Tagore）

于是，我站在那里，面对一个如此巨大的现实裂隙，它更像一个大峡谷。我可爱的儿子才刚两岁，就被贴上令人脊背发凉的诊断标签：“自闭症。”我的身心全然淹没在震惊和恐惧中。于是，我返回当下，善待自己，接下来要做什么？

现实沉重地打击我们，很容易令人退避三舍，这似乎是唯一的出路，也是很自然的选择。我们会想方设法进行逃避，从看电影、听音乐到喝酒嗑药。而且，即便只是短暂逃避，都令人如释重负。但是，从生活中退场并不会让人心满意足。如果整日和现实开战，很快也会精疲力尽。因此，如果渴望在面临巨大的现实裂隙时依然能够奋发图强，毫无疑问，唯一的出路就是选择值得捍卫的立场：让自己向此刻的真实生命完全敞开，为内心珍视之物坚持不懈。

人类能够在面临巨大逆境时依然找到一种丰富和有意义的生活，这种能力通常称为“复原力”(resilience)。相关研究十分丰富，我们从中提炼出一种简明的共识，我给它一个恰当的称谓：“复原力秘方。”

复原力秘方：问题解决的四种路径

在面临任何一个问题时，我们都有四种路径可选：

○ 离开有问题的环境。
○ 留下，改变能改变的。
○ 留下，接纳不能改变的，遵从价值而生活。
○ 留下，放弃努力，破罐破摔。

接下来就依次看看。

1. 离开有问题的环境

离开有问题的环境并不总是可行。譬如身陷囹圄，你当然无法说走就走。不过，“走为上策”在很多时候也确实不失为一个备选方案。假如你的婚姻不幸、工作不顺或是邻里不和，就有必要考虑：相对留下，如果你选择离开，你的整体生活品质会不会有所提升？当然，假如你一直左右为难，至少可以根据目前的情况做出合理推断。

2. 留下，改变能改变的

出于种种原因，你可能会放弃第 1 个选项。比如，有些人无论婚姻多么不幸，都不愿违背结婚誓言。他们可以离开，但却选择留下。因此，假如你选择留在一种困难的情境中（或是你没有选择，只能留下），那么就去尽力改善状况。换言之，如果有办法弥合现实裂隙（同时并不制造新的裂隙或者更大的裂隙），那就付诸行动吧！

显然，有些现实裂隙无法弥合，比如深爱之人的离世，或是自己落下终身残疾。但是，也有很多现实裂隙可以弥合，至少某种程度上可以。例如，身材不佳和超重，患有某种能治疗的疾病，忽视家人朋友，患有上瘾症，或是陷入财务危机，等等：我们可以针对这些裂隙有所作为。还有一些裂隙不能确定能否弥合，不知道要做些什么会有帮助。这种情况下，我们唯一能做的就是尽力而为，静观其变。

可见，无论能否弥合裂隙，我们都必须有所作为，毕竟，只要还在呼吸，生命就在铺展。那么，接下来就面临：是主动选择一个自己渴望的方向前进，还是被动地在旅程中随波逐流？毫无疑问，只有选择和自己至深价值相一致的方式行动，我们才能将人生航船驶向最有意义的方向，才能迸发出极致的生命活力！

那么，如何实现？我们可以运用自选的价值来帮助自己制定目标，设定短期、中期和长期目标，让我们和自己的理想生活日益亲近。（请留意，有效制定目标是一种技能，大多数人并不是天生就会，如果你想就此获得帮助，请参考附录D，按照引导步骤完成目标的制定。）一旦设定目标，就付诸行动！

是的，我们无法预知目标能否达成，能做的就是在此刻行动。行动起来，会让我们充满力量、生机勃勃，那是一种拥舞生命、浑然一体的感觉，而不是任凭时光匆匆飞逝、年华虚度。

3. 留下，接纳不能改变的，遵从价值而生活

如果你选择留下（或必须如此），而且也已尽力改善状况，那么，接下来就是练习接纳。接纳一切痛苦的情绪：保持开放，为它们创造空间。

接纳头脑的一切说法：它会告诉你这么做没用，而你需要从那些尖刻评判和自我打击的故事中解离，为它们创造足够的空间，允许它们自由地到来、停留和离开。让自己穿越迷雾，全然置身此刻。选择遵从价值生活，充分投入其中，而无论你面对的是何种挑战。

（注意：第 2 个和第 3 个选项经常同步发生，分别列举只是为了强调采取行动的重要性。也请注意，假如你真选择第 1 个选项，即离开有问题的环境，那可以在离开时练习第 2 个和第 3 个选项，改变能够改变的，接纳不能改变的，并遵从价值而生活。）

4. 留下，放弃努力，破罐破摔

我们都曾在生活中体验过第 4 个选项，而且很多人还在反复体验着！其实，这种情况很普遍，我们常常滞留在一个问题情境中，既不做可行之事来改善它，也不练习接纳并遵从价值而生活，反而会做一些让情况更糟糕的事——可能万分担忧、穷思竭虑和自我责备，可能徘徊不前、作困兽斗和咆哮哭闹，也可能开始吸毒、酗酒或是大吃双层奶油的雅乐思巧克力！我们还可能会和自己爱的人找碴打架，把我们的满腔怨气、绝望和痛苦都抛向他们；逃避生活、赖床不起和沉迷影视剧；让生活搁浅，把所有的清醒时间都虚掷在问题里；甚至会自伤、自杀。但是，这一切做法只能令生活黯然失色，第 4 个选项中绝无心满意足可言。

* * *

纳尔逊·曼德拉（Nelson Mandela）以其个人的生活经历为我们完美示范了什么是以实际行动践行复原力秘方。因为敢于为自由和民主而战，敢于反对种族隔离和南非政府实施的种族歧视政策，他入狱 27 年。看看他那些年面临的现实裂隙：第1个选项显然行不通，他无法离开监狱。第2个选项大多时候也寸步难行，他很难改善自己的生存状况。因此，在绝大多数时间里，他选择的是第3个选项：接纳自己的痛苦想法和情绪，倾情专注在此时此刻，遵从自己的价值而生活。他一以贯之的价值就是坚持主张自由、平等和和平。比如，最初入狱的17年，曼德拉被囚禁在罗本岛（Robben Island），他必须在石灰采石场进行艰苦劳作，但他充分利用了当时的处境。他很清楚，让人们接受教育是推行平等和民主的关键，因此在采石场地道中召集秘密集会：开办系列课程，请接受过更多教育的狱友来指点和教导其他狱友。（这就是著名的"曼德拉大学"的前身。）

曼德拉人生故事的高光时刻是在1985年，当时他已经在监狱度过22个春秋，南非政府决定释放他，但遭到了他的拒绝！为什么？因为南非政府的释放条件是他必须保持沉默，出狱后不能再发表反对种族隔离的言论。这显然违背了曼德拉的核心价值，因此他选择留下，那意味着在获得无条件释放前他还得在监狱待5年！尽管面临这种现实裂隙，他依然能够因坚守关于自由、民主和平等的价值而深感满足。

曼德拉的事例有些极端，但它所使用的复原力秘方却适用于每个人，而无论我们面临什么环境。例如，假设你的工作或婚姻"糟糕至极"，你可以选择离开；如果选择留下，就竭尽所能改善状况，如果依然很"糟糕"，那就接纳无法改变的，包括所有那些肯定会出现的不快想法和情绪，并且遵从你的价值而生活：成为你理想中的样子，在现实裂隙面前，为内心所珍视的一切坚持不懈。

在我给客户呈现这几种选项时，大多数人会感到被赋权，这让他们发现自己其实有选择权。但也总会有些人反应特别消极，常常混杂着愤怒和焦虑的情绪。为什么会这样？一般是因为，这样一来他们就再也无处可逃，必须直面生活。复原力秘方的核心就是让我们面对现实并做出选择，这就需要为自身行动负责。而第 4 个选项只能带来短暂的轻松感：我们相信了“这一切都太难”的故事，无能为力，唯有放弃。可是，这种释然感稍纵即逝，长远来看只会让生命枯竭。生命力只存在于前 3 个选项代表的立场中。不过，想要真正体验生命的活力，在选择立场时就必须带入个人的“意愿”(willingness)。

何为“意愿”？心理学家汉克·罗伯（Hank Robb）的解释是，设想你愿意花 15 元钱买张电影票，付款时你可以心怀不满、勉力为之，也可以心甘情愿。反正都得支付，但相对“抱怨”来说，显然，“自愿”会令人更加快乐满足。

因此，在选择立场时，我们需要带入自身的“意愿”。如果在选择立场时融合了“我别无选择”“我恨透了这样做”“我不应该这么做，却又不得不做”“这就是我的命”，或者“情非得已，责任所在”等想法，我们就会感到千斤重担压在身上，没有自主权，或是被压榨和掏空。请铭记，在价值中并没有所谓“不得不”“必须”“应当”或是“应该”，这些词语只会让价值变成榨干你生活的规则。

因此，如果你感觉到被压榨、很沉重或心生怨恨，就需要留意自己是否上了一些无益故事的鱼钩，然后，从中脱钩，回归自身价值，明确自己其实拥有选择：至少你可以选择是否坚守。可以肯定的是，你并非“不得不”。别忘记那个“重大问题”，你是否有“意愿”这么做？不妨问自己：“面对这个现实裂隙，我是否愿意选择一种立场？是否愿意遵从意图行动，即便不断会有痛苦的想法和情绪涌现？”

或许你很好奇，当我儿子首次确诊为自闭症时，我自己是如何使用这款复原力秘方的。好吧，我立刻就放弃了第 1 个选项。我听说过很多父母遗弃亲生骨肉的悲惨故事，我绝不会那么做！而就第 4 个选项而言，你也知道，我们最初就是那种反应，但那样只会火上浇油、雪上加霜。

因此，我在落下锚点后，就剩下第2个和第3个选项了：改变能够改变的，接纳无法改变的，并遵循价值而生活。我正是这么做的，我选择的生活价值是爱心、耐心、恒心、勇气和慈悲。在这些价值的引导下，我着手改变能够改变的，竭力弥合这个裂隙。

我在互联网上到处搜索，并且和众多专业人士取得联系，寻求有用的建议。麻烦就在于，只要提到自闭症治疗（或是其他任何一种心理障碍），就会众说纷纭，观点繁多到让人喘不过气。互联网上提供了海量的治疗方法，专业人士各显神通，不仅宣称自己的方法一定有效，而且会讲述各种励志性的治疗轶事，表明很多患者已从中受益。你怎么知道哪一种训练体系是最佳选择？真相可能令人不适：你难以抉择，但必须抉择。

那么，如果是你，在选择时会以什么为依据？我和我太太的依据是看哪一种疗法已获得有力的科学证据。很快，我们就发现一种获得科学实证支持的疗法，它被证明会带来显著、持久和积极的改变，同时无须使用药物，而且已有很多孩子接受治疗。它就是“应用行为分析”（applied behaviour analysis，ABA），训练自闭症儿童缺乏的各种技能，包括思维、语言沟通、玩耍、社交和注意力等方面的技能，基本上就是“重写大脑”，从而让大脑功能更加正常。（附录E中列出了有关ABA的更多信息。）

我们还找到一项获得充分研究支持的ABA治疗计划，即“洛瓦斯课程”（Lovaas Program），会有一个治疗师团队每周和孩子进行30～40小时的一对一治疗，一个疗程需要连续进行3～4年。这种设置让我们陷入两难之境，想象一个两岁多的孩子每天要参与治疗6小时之久，每周要进行5天，那孩子得承受多大的痛苦才能学到这些技能？这些要求对一个小宝宝来说是不是太高了？我们真的要给我们的小男孩压上这样的千金重担吗？而且，这个治疗计划对于父母的要求也非常高，父母需要在“治疗时段”之外做很多工作。因此，我和我太太就是否做这个决定感到很吃力，陷入了巨大的焦虑中。如果这个治疗计划最终没用呢？这种安排会不会让我们的儿子不堪重负？我们自己要付出的代价是不是也太大了？

然而，最终我们还是为自身的恐惧情绪创造了空间，为儿子注册了这个最好的 ABA 项目，名称是“为生活而学习”(Learning For Life)，地点就在墨尔本。而且，在治疗第一天，我们就看到了明显的改善，之后的进展也是突飞猛进。几周时间，小男孩的词汇量就从个位数进展到超过一百个；他还学会了进行良好的目光接触，知道了自己的名字，也能够更好地理解我们说的话。

这一切都令我们欣喜若狂！

确实，不管从哪个方面来说，能够拥有这样的起点都算极度幸运了。毕竟世界上很多地方根本没有 ABA 项目，即便能找到，很多人也负担不起，整个疗程的费用非常昂贵！而且，当然也不会是所有孩子都能像我儿子这样取得明显的进展。

不过，即便我们的确幸运，也不等于就梦想成真。毫无疑问，现实裂隙弥合了一些，但依然相当巨大。我们的儿子还存在各种问题，不仅在认知方面，身体上也有问题：他的平衡、协调、肌肉力量和运动能力等方面都存在明显缺陷；甚至直到加入治疗项目时，他还不能走路！我太太和我也同样有很多问题：为了支付疗程费用，我们面临财务压力，何况洛瓦斯课程本身也会带来情绪压力，我们持续感到悲伤和恐惧，重要的是，我们的婚姻也敲响了警钟！(这不足为奇，精神障碍儿童的父母离婚率相对更高。)

而且，之后面临的情况令我们压力倍增，我们发现一种全新的基于“关系框架理论”（relational frame theory，RFT）的 ABA 治疗项目。我现在对 RFT 已经十分熟悉，它是 ACT 的认知理论基础，但当时的我却对 RFT 在自闭症治疗领域的应用缺乏深入了解。想要解释清楚 RFT 治疗自闭症的作用机制及治疗方式需要花很多时间，一言以蔽之，RFT 能够显著加速 ABA 治疗计划的进展，带来更高的投入产出比。（如果你有兴趣了解更多，可以参考附录 E。）

但是，这个新项目又为什么会让我们倍感压力呢？因为它在全澳洲只有一个，离我们家非常遥远，在澳洲的另一边，即世界上最孤独的城市：珀斯（Perth）。

我们开始犹豫不决、烦躁不安、争论不休：到底要不要搬家？要不要收拾行囊，搬到一个完全陌生的地方重新开始？这样做真的值得吗？毕竟，我们的儿子已经取得了明显的进展，他在墨尔本参加的 ABA 项目也非常棒。真有必要搬家吗？

另外，如果 RFT 相对传统 ABA 来说真的更有效，我们又怎么忍心剥夺儿子的这个机会呢？

最终，我们还是举家迁往珀斯。这个决定让我们在接下来的日子里承受了重重压力。但是，无论多么艰难和痛苦，我和我太太都很清楚我们正在坚持的事情非常重要。无论结果如何，有朝一日回首往事，都能问心无愧：“我们不曾放弃，也未曾绝望，而是全力以赴帮助了我们的儿子。”此心甚慰。

非常幸运的是，这个决定最终皆大欢喜。我们的儿子参加了新项目，在心理学家达林·凯恩斯（Darin Cairns）的帮助下，他的语言技能、社交技能和理解能力的提升速度令人吃惊。我们原计划在珀斯待上 3 年，但实际上只用了 1 年半就结束了治疗。因为我们的儿子取得了巨大的进步，已经不再符合自闭症的诊断标准。看到我们 4 岁半的小男孩开心地奔向幼儿园，和其他小伙伴欢笑嬉戏：这一切仿佛是奇迹，难以相信这个小男孩在两岁时还不会走路，也几乎不会说话，甚至都不知道自己的名字。

然而，尽管这一切看似奇迹，实则不然。这是大量艰苦工作的成果，是在价值引导下承诺行动的结果。而且，路漫漫其修远兮，尽管我们的儿子已经不再是自闭症（这一点之前很难想象），但他还是面临很多长期的问题，比如学习困难、高度焦虑和社交困难等。但是，每当情况看起来又变得十分艰难时，我都会落下锚点，回归价值。我铭记身为人父要坚持的东西：爱、耐心、毅力、勇气与慈悲。每当我有意识遵从这些价值行动时，即便微不足道的举动，都满含我最深切的意图。

注：我不想在本书中探讨治疗自闭症的最佳方案，但我需要顾及读者中的自闭症儿童父母，当他们读到我儿子的治疗结果时，可能会产生嫉妒、怨恨或是其他痛苦情绪。希望你了解，这些情绪反应很自然，请你温柔地对待自己，为痛苦情绪创造空间并善待自己。这些情绪只能表明你是多么在意自己的孩子。

第18章

手持炭火

你是否也曾深陷怨恨？这是人之常情，尤其是当一个巨大的现实裂隙出现后。我们很容易怨天尤人，因为是他人让我们深感挫败，他人待我们不好，他人对我们漠不关心，他人比我们更成功，他人比我们“过得更好”……还有很多关于他人错误的种种理由。

一旦被怨恨的想法钩住，就很容易卷入自我攻击的战斗中。有种说法：“深陷怨恨，如同自己手持烧红的炭火，却要将它扔向他人。”匿名戒酒互助会（alcoholics anonymous，AA）的人们说：“怨恨就好比我们自己吞下毒药，却希望别人中毒身亡。”这些说法异曲同工，都在说当我们被怨恨抓住时，所作所为只能自我伤害，相当于在原来的伤口上继续撒盐。

“怨恨”(resentment) 这个词来自法语“resentir”，意为“再次感觉”。

这个意思十分贴切：每当我们的内心被怨恨占据，就会再次感到受伤、愤怒，或是感到遭受不公的对待和评判。往事在此刻只是“往事”，但只要在此刻置身其中，我们就会再次经历那些痛苦，继续在愤怒和不满的锅中焖烧，一切活力也被榨干殆尽。

与之类似的另一个故事是“自责”（self-blame），可以把它看作将怨恨指向自己。头脑一次次提醒我们所有做错的事，然后我们就对自己感到很生气，自我苛责，自我惩罚，并再次经历那一切痛苦、遗憾、恐惧、失望和担忧。然而，这些当然不会改变过去已经发生的事，也不能让我们吸取教训，只会平添更多伤害。

如何化解怨恨和自责？解药就是“宽恕”（forgiveness），但这并不是我们通常所说的“原谅”。在ACT框架下，宽恕不等于遗忘，也不是认为发生的一切都挺好，值得原谅或微不足道，也不涉及要对某人说什么或做什么。

为了理解ACT中的宽恕，可以看看它的词源，“forgive”源于两个独立的单词“give”和“before”。因此，ACT中的宽恕是指：允许自己回到“坏事”发生前的地方。那是在过去的某个时点（可能是近期的，也可能是很久以前的）发生的一些令人非常痛苦的事，或许是你做了一些令自己万分自责的事，或许是别人做了一些让你耿耿于怀的事。总之，从那以后，头脑就反复将你拖回往事中，让你重温噩梦。

那么，在那些事发生前，你的生活是怎样的？是不是过得还不错，能够充分享受生活？是不是能够安处当下？即便之前的生活并不如意，至少你不会像后来这般陷入怨恨和自责的迷雾，感觉透不过气来。因此，你是否想让自己回到之前生活的那份清爽和自由中，彻底拨云见日？可见，在ACT框架中，宽恕与他人无关，纯粹是服务自己。宽恕能够让我们返回事件发生之前的时空，那是一种不用背负怨恨或自责的生活状态。

如何培养这种宽恕？其实，你已然拥有所需的一切知识和技能。当我们的头脑又在通过故事“喂养”怨恨或自责时，首先要做的就是留意它们的发生，并为它们命名。你可以对自己说：“我的头脑正在打击我”“这是一份关于过去的痛苦回忆”“我的头脑正在评判别人”或是“此时此刻，我的头脑正在让我卷入战斗”。同时，也请善待自己，即便认为自己存在缺点或是他人有所不足，首先要承认的就是：我们彼此都很受伤。因此，请让我们保持友善和慈悲，温柔地抱持自己，为出现的痛苦情绪创造空间，并且让自己回到当下。

我们常常需要反复落下锚点。头脑会轻易将我们带入沉渣泛起的故事中，而我们必须将自己带回来，并安处当下：投入此时此地，再次参与当下的生活。一旦能够安处当下，就能联结我们的价值，将个人意图注入持续的行动过程中。这样一来，在面对一个现实裂隙时，我们就能找寻到一种立场。

举例来说，我们可能真做了一些“错误”“糟糕”和“粗心大意”的事，而并不能仅仅归咎于头脑的过度批评，那么，就可以选择一种亡羊补牢的立场。迈克尔是一位酗酒的越战老兵，他觉得自己难以赎罪：他在战争中杀过几个人，无法做出补偿。就这一点来说，确实很难与他争辩，所以我也不会尝试，而是对他说：“就算你持续自我打击直至你去世，也不能改变过去。你的确无法补偿死者，毕竟他们已不在人世。假如就这么虚掷光阴，深陷在昔日的恐怖故事中，你终将一无所获；但是，假如你能将余生奉献给生者，让世界因你而不同，那些恐怖故事就能够结出丰硕的果实。”

我的话对迈克尔很有启发。通过大量练习，他最终能让自己从自责故事中脱钩，并且善待自己。在之后的9个月里，他加入了匿名戒酒互助会的小组，终结了酗酒生涯，开始在两家慈善机构担任志愿者，其中一家会帮助无家可归之人，另一家会帮助难民。这些事情对他来说并不容易，他不仅需要承担大量的艰苦工作，而且必须为自己巨大的痛苦情绪创造空间。但这些事情也为他带来了丰厚的回报，纵然无法改变过去，却能在此刻有所作为——如此一来，他就能够在生活中收获更多的充实和快乐。

大多数人都会时常陷入自责，不过你我的故事或许不像迈克尔那么极端，毕竟我们没杀过人。可是，我们同样背负着千斤重担。关键在于，练习善待自己（即便你的头脑说你不值得被善待）。对自己说一些友善的话语常常会有帮助，例如："我只是个会犯错的普通人。就像地球上的所有人一样，我会犯错，会把事情搞砸，这就是生而为人的一部分。"接下来，可以向自己伸出慈悲之手，放在自己的身体上，向着那份痛苦呼吸，承认自己真的感到很受伤。同时提醒自己，自我惩罚不会有帮助，真正的生命力只存在于我们选择的立场之中。考虑做出何种补偿会有助于减轻伤害或是改善状况，然后付诸行动，这样做才会真正有帮助。假如确实没什么可做的（或是你不愿做），那么，就把精力投入到建设现有的关系中，联结、关心和贡献。这也是一种自我宽恕的行动。

但是，假如别人真做了"很糟糕的事"怎么办？我们可以有很多不同的回应方式，这取决于情境的特点和我们想要的结果。我们可以选择果断采取行动，比如将对方送上法庭，进行控诉，或者彻底绝交，以确保不再发生类似的事；也可以选择学习一些新的技能，让自己准备充足，未来遇到类似情况时能更好应对，比如学习自我保护的课程，学习建立自信和有效沟通的技巧，等等，或是参加"如何与难相处的人打交道"相关的课程；还可以选择放下往事，重点关注如何重建此刻的生活。

总之，宽恕包含三部曲：善待自己，落下锚点，选择立场。美妙之处就在于……宽恕永远不会太迟。

The Reality Slap

第19章

改变永远不晚

我从不相信会有这种可能性，即便再过100万年也根本不可能！我的父亲是那个时代的典型男人，他奉行传统方式养育子女：努力工作养家糊口，保障他的6个子女衣食无忧、居有定所并接受良好教育。他为人善良，用他自己的方式表达对家人的爱，恰如那个时代的大部分男人一样（其实也包括我们这一代），他很害怕亲密感。这里的亲密是指和他人在情感、心灵层面的亲密。

为了能够与他人共享情感和心灵层面的亲密，需要做两件事：

- 你需要保持开放和真实，“让别人走进你的内心”，分享真情实感，而不是将它们深深藏匿。
- 你需要为他人创造空间，支持对方也这样做：提供温暖、开放和足够的接纳性空间，以便对方也能在你面前保持开放和真实。

我的父亲从来不会多谈自己。他喜欢理性而简短的谈话：摆事实，找方法，出主意，探讨电影、书籍和科学。这些都没问题，也很美好，我们之间也有过很多愉快的交谈，但是，其实这意味着我对他缺乏真正深入的了解。我一直不知道他会受到什么情绪的困扰，拥有怎样的希望和梦想，经历过什么失败和挫折，以及对他来说最重要的人生体验和收获是什么。我也从来没有机会了解他会因为什么而感到恐惧、愤怒、不安、悲伤或内疚。事实上，我对他的内心世界一无所知。

他在78岁那年罹患肺癌，却没有告诉我实情。我当时完全不知道他病了，还跑到国外休假6周。出发前，父亲还是一头浓密的白发，回来时却已是光头。他没告诉我是因为化疗掉发，只说自己剪发了，这样显得年轻时尚，而我完全蒙在鼓里。

随着病情的进展，他的身体愈发虚弱，很难再瞒天过海。但是，即便到了那个地步，他还是不愿谈论自己的病情、接受治疗的进展和内心深处的恐惧。每当我尝试聊这些时，他就会顾左右而言他，或是干脆沉默不语。

我感到他的生命所剩无多，就一直尝试诉说他作为父亲对我的重大意义：我有多么爱他，他在我生命中扮演了怎样的角色，如何鼓舞我并教会我一些很有帮助的事，以及关于他的一切美好回忆。但是，这种对话总令他不适，特别是当我说到热泪盈眶时。于是，交谈总是刚刚开始就戛然而止。

后来，他的癌症奇迹般康复了。我盼望与死神擦肩而过的这段经历能够开启他的心灵，但令我失望的是，他还是一如既往地自我封闭，有过之而无不及。

3年之后，也就是他在81岁时又得了心脏病。冠状动脉有几处堵塞，需要做开胸手术，这种手术有很高的致命风险。手术前，我和他进行了简短交谈，再次尝试告诉他，他作为父亲对我的意义。一如既往，我眼含热泪，那是饱含爱和悲伤的泪水，而他立刻就自我封闭起来，转过头去，用一种坚定的语气说：“你现在给我平静一下，快把那些眼泪擦干！”

手术后，他幸运地活了过来，不过这一次打击迁延不断，他接连出现并发症，接下来一年都在医院度过。快满一年时，他的身体日渐衰弱，意志越发消沉。但是，他还是不允许我和他亲密交谈。终于，他感觉活得已经足够久，决定终止治疗。作为一名医生，他自己很清楚这意味着什么：等于直接结束自己的生命。他也十分清楚这样一来他的生命就只剩下几天时间了。即便如此，他还是拒绝听我诉说有多么爱他，以及他对我来说有多么重要。

在生命的最后几个小时，他开始出现幻觉。每次幻觉间隙，大约会有几分钟神志清醒的时间，那时他完全有意识，和当下有深刻的联结。就在其中一个清醒的片刻，我尝试最后一次告诉他，他对我有多么重要以及我有多么爱他。其实，我在说这些时已经乱作一团、泣不成声，一把鼻涕一把泪地哭诉着。令我欣喜若狂的是，父亲把头转向我，深深凝望着我的眼睛。他的脸上闪烁着动人的光泽，笑意盈盈，容光焕发，充满善意和慈悲，他把我的手放在自己手里，看起来很想认真聆听我的一言一语，他丝毫不再躲闪，也不再打断我。在我擦掉眼泪和鼻涕后，我向他倾诉了多年的衷肠，听我说完后，他以一种满是温柔和慈爱的声音说“谢谢你”，然后还加上一句“我也很爱你”。

* * *

我讲述这个故事是为了说明两点，结束这部分之前，清晰阐明这两点非常重要。第一个重点是，微小的改变能够产生深远的影响。我的父亲并没有改变他的个性，他在临终一刻所做的只是一个微小的改变：尽力停在当下，并保持开放。即便不过须臾光景，这几分钟的微小改变还是会带来一份美好和爱的体验，令我深情怀想、终生铭记。

从出生那一天开始，社会就教育我们，想要持久地心满意足，就必须全面彻底地修正生活，或者彻底改变个性，或者从根源上改变思维方式（甚至是三招并举）。问题是，即便我们深信不疑，却没有任何帮助；反而，如果不给自己那么大压力，更可能如愿以偿。我们越是费力催逼自己改变，变得比此时此刻“更好”，就越会引发自我打击，因为我们永远都不会完全符合自己的期待。悲哀的是，这种做法不但不能让人真正振作，反而会令人更加消沉。

因此，为什么不点亮前路，卸下重担呢？罗马非一日建成，一种丰富和有意义的生活也是如此。为什么不能放轻松些？不妨采用婴儿步伐，慢慢来。也别忘了《伊索寓言》中那则最受欢迎的故事——乌鸦喝水的寓言带来的启示是“积少成多”。

试图在短期内实现巨变常常导致失败。或许偶有可能，但绝非常态。但是，微小的改变在时光的长河里却会引发巨大变化。做你力所能及的微小而美好的事，聚沙成塔，终将惠及整个世界。

这个故事的第二个重点在于：做出微小的改变，永远都不会太迟。当然，你的头脑可能会就此提出反对意见。人类的头脑很像“找理由机器”，擅长找到各种理由告诉我们无法改变、不应改变或不必改变。头脑在找理由方面极有才华，它最喜欢的一个理由就是：“太晚了！我已经无法改变，认命吧，一直都是这么过来的。”但是，我们不是非得相信这些想法，也不用把自己看得“坚不可摧”，而是我们完全能发现，我们拥有无限的潜力，能够采用崭新的方式学习、成长、行动和思考。我们需要做的就是遵从自己内心深处的声音，并且问自己：“我能够做出的最微小的改变是什么？我说点什么话，做点什么事，还是写点什么文字就会有用？做出怎样的微小改变，能让我距离‘理想自我’更近一步？”

我多希望我父亲能更早改变，而不是等到生命最后一刻。但我还是很感激他最珍贵的临别赠礼：他开放了自己，停留在当下，允许我分享对他的真情实感。而且，这一次他是自愿为之。这些成了一份真正的美好回忆：温暖了我的心，也令我肝肠寸断。同时这也是一个强有力的提醒：只要还在呼吸，改变就永远不晚。

发现宝藏

第五部分

The Reality Slap

第20章

深感荣幸

我曾听说一位喜剧演员为了让一个吵闹的捣乱分子安静下来，说了下面这句话："一亿个精子啊，而你必须是那一亿分之一！"想想这种说法，只有一个精子能够从一亿个同伴中脱颖而出和卵子结合，我们就会感到能活着真幸运。继续打开思路，整个时间链必须天衣无缝，才能凑巧让你拥有生命。你母亲必须遇见你父亲，而他们的父母也必须相遇，等等，甚至可以追溯到生命的起源。如此看来，你的存在简直就是一个奇迹！换言之，活着真是荣幸之至。

一份"荣幸"(privilege）是指，赋予特定的个人或群体某种优势。具体表现为一种有利的条件或环境，能让我们处在更有优势的地位，或是为我们提供一种很有价值的机会。而你我都属于被赋予优势的特殊群体，即科学家们所说的"智人"，事实就是你还活着，而你的同类很多已经死去，这让你处在更加有利的位置。这个位置让你拥有一种很有价值的机会，能联结、关心和贡献，也能爱、学习和成长。将生命视为荣幸，有助于我们充分把握良机，欣赏、拥抱和享受生命。

当然，知易行难，如何付诸行动？假如你已在运用本书的理念，那么就已经走在了行动的路上。毕竟，木柴和火苗相遇产生热量，意图和当下结合创造荣幸。

之前我曾说过，生命如同一场舞台秀，登台演出的全都是我们的想法和情绪，以及我们能够看见、听到、触摸、品尝和嗅闻的一切事物。“现实裂隙”也只是这场舞台秀的一部分。不过，如果整个舞台都黯淡下来，唯有很大一束光照向裂隙，那看起来就好像生活中除了痛苦别无其他。（当我们融合了“不够好”故事时，就会发生类似的情形。）

因此，如果我们能够打开灯光照向舞台的其余部分呢？如果我们能够让整个舞台灯火通明呢？如果我们能够同时留意现实裂隙及其周围的生活这两个部分呢？（无论现实裂隙多么巨大，生活永远大于裂隙。）假如我们能在扩展的觉知空间观察，能留意生活的富足之处，留意自己能被满足的需求和欲望，那会是怎样的情形？假如我们能发现值得珍视的事，又将如何？纵然深陷痛苦，假如我们能发现一些隐藏的宝藏，找到能带来满足的事，会发生什么？

当然，头脑或许会说：“只要我还面临这个问题，还在应对这份丧失，那一切就都不重要。”“如果我没有 XYZ，生活就毫无意义。”或者“我别的什么都不在乎”。但是，如果你上了这些想法的钩，就会深陷迷雾、跌跌撞撞和喘不上气。想要从中解脱，就要返回当下：从想法中脱钩，培养扩展的觉知，留意生活全景，而不是只看到那点儿糟糕的事。

如果你能留意大多数人习以为常的一切，生活会有什么变化？如果你不仅留意，还能对这一切心怀感恩、仔细品味并视若珍宝，生活又将有何不同？斯金纳将平生最后一口水视作甘霖，换作是你，能否临终时也将自己的呼吸、视觉、听觉和身体掌控能力都视若珍宝？如果你能在接下来的日子里珍视和亲朋好友、街坊邻里的每一次相遇，那会怎样？你能否在每次散步时欣赏风景、欢欣雀跃？能否在每次呼吸新鲜空气时全然沉浸、心生欢喜？能否用心品味每一顿家中菜肴，或是为自己烘焙的面包备感欣喜？或者，你能否充分享受一次悠长的热水澡，让每一分钟都充满爱意？你能否在每一次拥抱亲吻时，每一次阅读观影时，每一次观赏日落、陪伴孩子或宠物时，都喜不自胜？

听我这么说，你的头脑或许会说："是的，哈里斯博士，你说的那些都不错，但是，真正处在恐怖环境中的人怎么办？那些对他们有什么帮助呢？"我的回答是："要事优先！"当我们被现实掌掴时，首先要落下锚点和善待自己。接下来选择立场：假如不能或不愿离开，就改变能够改变的，接纳不能改变的，并遵从价值而生活。如果已然尽力，情况依旧糟糕，那听起来似乎就很难发现值得感恩、品味和珍惜的事情。但实际上，这是不可能的。

举例来说，在纳尔逊·曼德拉的自传《漫漫自由路》（*Long Walk To Freedom*）一书中，他描述了在罗本岛监狱的日子，每天清晨去采石场的路上，他都可以尽情品味沿途的风景，呼吸新鲜的海风，观赏美丽的野生动物。再举一例，普里莫·莱维（Primo Levi）是意大利籍犹太人，他在第二次世界大战期间被关进了奥斯维辛集中营。在《假如这是个男人》（*If This is a Man*）这本感人至深的小书中，他描述了自己的那段经历，在波兰冰冷刺骨的冬日里，莱维身着单薄寒衣，起早贪黑从事繁重劳动，但是，当春天的脚步临近时，他还是能去真正感受太阳的暖意。

最后，来看看维克多·弗兰克尔（Victor Frankl）的故事，他也是一位身陷奥斯维辛集中营的犹太人。他在《活出生命的意义》(*Man's Search*

For Meaning）这本书中写道："即便身处人间地狱，我依然能够一直珍藏对妻子的甜蜜回忆。"

请注意，我并没有建议你试着让自己分心或是假装现实裂隙不存在。不是让你只关注舞台上其余的部分，忽略你不喜欢的那一小部分；也不是说要努力进行积极思考，说服自己现状很好。（如果有兴趣，你尽可以尝试这些方法，只是它们通常效果欠佳，至少从长期看会如此。）我真正建议的只有一点：让我们将灯光照向整个舞台，这样才能清楚地看见裂隙，也看见裂隙的周围是些什么，同时，对有幸观赏演出心存感恩。接下来，就可以在这场演出中发现一些值得我们珍视的事物。

当然，就像本书的很多理念一样，这一点同样知易行难。因为在真正对生活心怀感恩之前，头脑的默认设置是关注我们缺乏的东西、不足之处和有待修改、解决或改变的地方。尽管从孩提时代起，我们就常常被教导，要"停下脚步，闻闻花香"和"知足常乐"，但总体而言我们成长于有严重消极偏好的文化背景下，被鼓励更多关注痛苦和问题。（如果你表示怀疑，不妨随便翻开一份报纸，看看有多大比例的内容在讲一些消极、痛苦和问题导向的故事。）

这就意味着当得到"要感恩拥有"这种建议时，我们的头脑会很自然地深表怀疑。因此，如果头脑正在抗议，不妨将它看作来自咖啡屋角落的喧闹声，随它自说自话，请不要被它带走或是卷入争论。反之，想想你怎样才能欣赏自己拥有的一切？

发现值得欣赏之处

其实，学习欣赏我们拥有的东西很简单，无非是投以注意力。但是，不是用惯常的方式，而是学习以一种崭新的特定方式运用注意力：

怀有一种开放和好奇的态度。现在就试试，阅读这一句话时，留意你的双眼如何扫过书页，目光如何在词语间移动，留意这些动作并不需要你有意识地参与，留意它们如何按照对你来说最适合的速度帮你获取信息。

现在，请想象如果你失去视力，生活会有多么艰难。你会看不到很多东西，无法再阅读、观影，不能注视所爱之人的表情，也不能揽镜自照、欣赏日落或是开车。

读到这段末尾时，暂停几秒，观察四周，真正留意5种你能看见的东西。在每种东西上停留数秒，留意它们的形状、颜色和质地，仿佛你是一个充满好奇的孩子，之前从来没见过类似的东西。留意这些物体的表面或标记，留意它们反射的光线和落下的阴影，留意它们的外形、轮廓，以及它们是活动的还是静止的。保持对这份体验的全然开放，试着发现一些新东西，即便头脑一直告诉你这真无聊。

结束后，请花些时间考虑，你的眼睛为生活增添了多少乐趣，拥有视力是怎样一份天赋。如果真失明了，生活将会变成什么样子？会让你错失多少乐趣？

* * *

这个简短的练习完美地结合了之前提到的三个P：当下、意图和荣幸。如果能怀着开放和好奇留意，我们就能进入当下；然后，就可以为这份关系注入意图，联结我们的眼睛；接下来，关心眼睛，反思它对生活的种种贡献，表达感恩。如果我们真能对拥有视力心怀感恩，将其视为奇迹，就会在那一刻深感荣幸。

现在，继续阅读，留意双手如何轻而易举地拿着这本书。读到这段结束时，可以把书拿起，翻转过来拿着，在空气中轻轻敲打它。用一分钟左右变换花样，可以在两手之间把书扔着玩，可以快速翻阅所有书页，也可以把它举高让它掉下，在落地之前接住。同时，留意手的动作，对这份体验保持好奇。留意手是如何精确知道要做什么：大拇指和其他手指如何完美协调完成任务。对这份体验保持开放：看看能从中学到什么，即便头脑阻止你这么做。

* * *

所以，你的双手是有多么神奇？假如失去双手，你的生活又将变得多么艰难？当你读到这一段末尾时，可以用你的双手做点让自己愉快的小事——轻轻地抓挠头皮，按摩太阳穴，或是揉揉一侧的肩膀。花上一分钟左右的时间，缓慢而轻柔地做这些事，在这个过程中，也别忘了怀着孩童般好奇和开放的态度，留意你双手的动作和感觉，以及你有怎样的身体反应。

完成后，请思考你的双手对你的生活到底做出多大贡献，让你能够做多少事。现在，继续尝试另一个练习：专注呼吸。

* * *

现在，一边继续阅读，一边放慢呼吸。你可以进行几次缓慢而深长的呼吸，允许双肩自然下垂。欣赏这个简单的呼吸动作带来的愉悦感，思考你的肺在生命中扮演的重要角色。想想你有多么依赖它们，它们对你的健康幸福又做出多大贡献。这个世界上有数百万人因罹患心脏病和肺病导致呼吸困难，如果你得过哮喘或是肺炎，就会了解那是多么难受和恐怖。也许你曾见过住院或居家看护的病人，他们因为严重的心脏病或肺病饱受煎熬，他们的肺部充满积液，只能利用氧气面罩进行呼吸。想象你就是这种病人，身临其境，然后反思你的生活。回忆你的肺在过往正常工作时是一种多么轻松的感觉，我们对肺和呼吸又有多么依赖。然而，我们却经常将这一切视为理所应当！你能否留意到你的肺正在辛勤工作，哪怕只是留意片刻？留意那富有韵律的呼吸之流：吸入和呼出；同时，你会不会因为有幸能够呼吸而充满感激？

* * *

如果每天都能放慢脚步，感恩拥有的一切，我们很快就会发展出一种更强的满足感。这种满足感随时随地都可以获得：只要花上几秒钟，带着开放和好奇留意我们看见、听到、触摸、品尝和嗅闻的事物；仔细端详所爱之人的灿烂笑容，观察阳光下粒粒尘埃的翩翩起舞，感受畅快呼吸的感觉，聆听孩子们的笑声，嗅闻新鲜出炉的咖啡香气，或是品尝刚刚烘焙好的吐司上的黄油的味道……

我不是说这样就能解决问题，也不是让你假装生活中每件事都十分美好、非同寻常，或是让你无欲无求。这些练习旨在增加我们的满足感。头脑的默认模式是关注缺陷和不满，并尽力弥合或回避现实裂隙，相对而言，“发现宝藏”则是一种全然不同的心理状态。

所以，下一次喝水时，为什么不放慢速度，充分品味最开始的一小口，或是猛然喝上一两口，让嘴里充满水，留意那种一下子解渴的美妙？

下一次散步时，为什么不多花些时间留意腿部的动作，留意双腿走路时的节奏、步伐和协调性，同时为拥有行走能力而感谢双腿？

下一次吃东西时，为什么不多品味一下最开始的那一口，沉浸于萦绕在唇齿之间的曼妙感觉中，感觉牙齿咀嚼和喉咙吞咽的动作？

我们都有一种将生活视为理所当然的倾向，无视现实裂隙之余的一切美好。但不是非得这样，无须等到临终一刻才能感恩饮水之乐，无须等到腿脚不灵才能感恩行走之能，无须等到失明失聪时才能珍惜视力和听力的天赋。事实上，我们完全可以对此时此刻拥有的一切心怀感恩。

第21章
驻足而凝望

我20岁时有一位英语老师，很喜欢让全班同学背诗。那时的我很讨厌做这种事，觉得诗简直就是这个世界上最让人心烦的东西（仅次于数学）。在我不得不背诵的诗里面，我只记得一首。也不是经常想起，只是偶尔会在脑海中闪现，这些年来，我逐渐能够真正欣赏这首诗。这首诗的作者是威尔士诗人和作家威廉·亨利·戴维斯（William Henry Davies）（1871—1940），请你仔细阅读并留意它对你的影响：

悠然时光

这生活将何如？
若诸事挂怀，
无暇驻足而凝望。

来不及驻足于，
那粗枝树下，
牛羊般久久凝望。
错失林中松鼠，
将颗颗壳果，
往草丛深里运藏。
无视艳阳高照，
那溪波粼粼，
似夜空点点星光。
空负美人顾盼，
得赏其双足，
翩跹起舞而徜徉。
疏忽伊人双眸，
笑靥如涟漪，
渐在唇齿间荡漾。
这生活将何如？
若诸事挂怀，
无暇驻足而凝望。

戴维斯的这首诗一语道破人类的生存现状：我们是如此这般地被忙碌和沉重的生活胁迫，以致错失那么多美好之事。当然，生活的确包含很多可怕和烦人的部分，无须假装它们并不存在。但是，正如 ACT 创始人史蒂文·海斯所言："有多少痛苦时分，就有多少欢愉时刻。"安处当下会帮助我们充分享受生活：每时每刻都能感到心满意足，无论是妙不可言之时，还是糟糕透顶之际。

设想你正待在一家很不错的、外观优美、有空调的旅馆里，从房间窗户望去，正好欣赏天然的白沙滩和清澈湛蓝的海水。阳光照耀着波光粼粼的海面，微风轻拂着随风摇摆的棕榈树。这景色真美，不过……你无法听到惊涛拍岸的声音，无法感觉脸庞被阳光轻抚和微风吹拂，也不能呼吸和嗅闻新鲜的海风。这种情况很像"三心二意投入当下"，你沉浸于当下的部分体验，但也错失了更多的当下时刻。

现在，如果你走出房间来到阳台上，顷刻之间就会获得更加鲜活的感觉，阳光亲吻着你的皮肤，海风温柔地抓挠你的头发，而你的肺里充满了新鲜咸香的空气。这才是更加安处当下：全然投入此刻的生活，充分品味它的丰富滋味，饮下生活的美酒，品尝生活的美食。本书前面曾提到安处当下可用来应对痛苦，即落下锚点，为痛苦情绪创造空间，以支持接下来的有效行动。但是，希望你现在已发现，安处当下同样能帮助我们把活着的体验视为一种深刻的荣幸。

当下时刻

安处当下的时刻会自然来到。初见崇拜或心仪之人，我们会很容易安处当下，全然关注对方，用心聆听他的一言一语。形容某些人拥有"当下的力量"，或觉得他们能"全神贯注"，其实是在说这些人很容易自然地吸引我们的注意。但是，如果是那些低头不见抬头见的亲朋好友和同事，是不是很容易觉得一切理所应当，然后，我们在听他们说话时就会心不在焉？更有甚者，还会抱怨他们的唠叨妨碍我们安处当下，然后给他们贴上标签："真烦人！"

类似地，我们来到一家餐厅，品尝第一口食物，闻到新味道的香水，睁开眼睛欣赏窗外的绚丽彩虹……有那么一两个瞬间，我们很容易有意识地保持专注。但这一切转瞬即逝，我们的注意力渐渐退场。吃上两三口后，就会觉得那顿饭不过如此。我们的确还在吃，但不会再仔细品尝，也不会再探索萦绕舌尖的味道和感受。相反，我们开始自动化进食，相对食物口感来说，我们对彼此的交谈更感兴趣。至于那种新香水的味道，用不了几分钟就消失在背景中，很难再次引起我们的注意。

现在，让我们来创造一些当下时刻，请花 5 ～ 10 分钟尝试下面的每个练习。

正念聆听

首先，“开放你的耳朵”，花时间单纯留意你能听到什么。

留意所有来自你体内的声音。（例如，身体移动到椅子上时的声音、呼吸的声音）。

现在，“伸展你的耳朵”，留意周围的声音。

逐渐扩展听力范围，直至你能听到最远的声音。你能否听到一些与天气有关的声音或是远处车来车往的声音？

继续全然停留在此刻的声音中，留意它的不同层次：振动、脉动和节奏。

留意那些停下来的声音和新出现的声音。

看看你能否留意到某种持续的声音，比如电器故障发出的声响，聆听它，仿佛它是美妙乐章的片段，留意音高、音量和音色。

继续和这份噪声共处，留意它不只是“一个声音”，而是层层叠叠，节奏中富含节奏，循环中包含循环。

现在，留意你听到的这些声音有何不同，头脑正在给这些声音添加什么评论和画面。

* * *

进展如何？你是全然在当下和那些声音共处，还是会在练习时被头脑带跑？大多数人是第二种情况。头脑会用类似这样的想法吸引你："这真烦人""我做不到""还是跳过这个练习吧，真没必要"，或者"晚餐吃什么"。它会根据听见的声音编造一些画面：人、车、鸟或天气。还会给你分析这些声音："我很好奇制造那个噪声的是什么？"让你辨认出那个声音并贴标签："那是一辆卡车。"它还可能把你拉回现实裂隙，让你为此担忧，感觉糟糕，并质疑这个练习的用处。头脑忙些什么都很正常，留意那些反应就好，允许它们如其所是。

丽萨和青蛙的故事

"我再也受不了了"，丽萨说，"如果我再听那些恶心的青蛙叫一整晚，我肯定会疯！"她一周前刚刚搬进一所漂亮的新房子。不巧的是，隔壁邻居的后花园有个大池塘，成了吵闹的青蛙之家。正如丽萨所言，成群的青蛙制造出大量噪声，听起来就像在猛烈敲击两块大木板，而且一敲就是一整夜。丽萨非常恼怒，每次被吵醒都会好几个小时睡不着。她试过三种耳机都无效，而且平心而论，她感到非常内疚，因为自己甚至想到毒死那些青蛙。

我带她一起做了上面的"正念聆听"练习，快结束时，我邀请她专注在令她恼怒的声音上，比如当时我办公室外正好有一台吵闹的割草机在路上转悠。我邀请她和那个声音在当下全然共处：让头脑的喋喋不休成为背景，仿佛远处的广播，然后将注意力安放在割草机的声音上，带着极大的好奇留意那个声音本身，注意它的不同成分——节奏、震动、高音、低音、音高和音量的变化，仿佛正在聆听某位著名歌唱家的演唱。练习后，她感觉那个噪声很快从相当烦人变得相当有趣。为此她深感惊讶，毕竟之前听过成百上千次割草机的声音，却从来没有意识到它如此丰富。于是，我邀请她每晚入睡时练习正念聆听隔壁青蛙的叫声。一周后，她满面笑容地跑来告诉我，她每晚都坚持练习，现在很享受那阵阵蛙声——那个声音带给她安抚和放松，帮她坠入梦乡！

接下来，我并不情愿但必须指出一些对于“当下”的虚幻期待：安处当下并不总会有这种明显的效果，特别是刚开始练习尚未熟练掌握的时候。而且，我们难以长时间安处当下，聪明的头脑为了让我们分心会花样百出。因此，如果想要更加擅长安处当下，并无捷径，唯有练习。下面提供两个简易练习，很适合融入日常生活。

与他人共处当下

在每一天当中，选择一个你遇到的人，留意他们的脸庞，仿佛你之前从来没有看到过他们：他们的眼睛、牙齿和头发的颜色，皮肤上皱纹的模样，他们行动、走路和说话的方式，等等。留意他们的面部表情、身体语言和语音语调。看看你能否读懂他们的情绪，并和他们此刻的感受保持同频共振。在与他们交谈时，请全神贯注地聆听，仿佛他们是最出色的演说家，你之前都无缘聆听，这次可是花 100 万美元才有幸来听。（小贴士：你可以在每晚睡前和早上醒来时提醒自己今天要选择聆听谁，这样在白天会更容易想着要做。）非常重要的就是，留意这种更加正念的互动会带来什么影响。

与快乐共处当下

每一天都选择一件简单而快乐的事，最理想的是那种习以为常或自动做的事，然后看看你能否从中提取极致的愉悦感。这些事情可能是：拥抱你爱的人，喂小猫，遛小狗，和孩子嬉戏玩耍，喝一杯清凉的水或温暖的茶，享用午餐或晚餐，聆听你喜欢的音乐，洗热水澡或是冲淋浴，到公园里散步，都可以，你来决定。（小贴士：不要选择那些需要思考参与的活动，比如阅读、九宫格游戏、国际象棋或是字谜游戏。）然后，在做事的过程中，充分调动你的5种感官，全然处于当下：留意你能看见、听到、触摸、品尝和嗅闻的一切，充分体味这个过程的方方面面。

* * *

当然，有无数练习能帮助我们开发活在当下的能力，为什么不开发一些自己的专属练习？练习基本上就是：选择一件事，即一个对象、活动或事件，然后和它联结。好奇地观察它，运用5种感官体味它的一切细节。然后，专门强化那种荣幸感，反思它对你生活的贡献。如果想不出贡献，那就只对自己还活着心怀感恩，感恩自己还拥有5种感官能力。或者，感恩自己拥有这样一个驻足而凝望的片刻。

与此同时，请对“不够好”的陈词滥调保持警觉，这个故事总会偷袭，一旦上钩，我们就好像又被拉上了通往地狱的快车。这一刻还感恩当下，下一刻已沉入地心。

我多次乘坐地狱快车。我并不想承认这一点，在我儿子确诊的第一年，我每天都要多次搭上那列快车。比如，我几乎每天都会带孩子去操场玩，但他一般都是一到那里就想离开，他不喜欢攀爬、荡秋千和玩跷跷板，更害怕滑滑梯。别的孩子都在欢乐地跑来跑去、登梯爬高和蹦蹦跳跳，我儿子却要么躲在角落里，要么躺在地上翻白眼。

每次出去，我都忧心忡忡、深感挫败。我的头脑还会变本加厉地添乱，办法就是拿我儿子和其他孩子做比较，评判我儿子“不够好”：指出他的所有缺陷、不足和异常，夸大那些看似其他父母拥有而我没有的天伦之乐。(然后，我的头脑很快又开始评判我“不够好”，因为我内心刚刚出现了那些想法。“你这个爸爸真讨厌，竟然这么想自己的孩子?”）在ABA治疗师的帮助下，我儿子大约用了一年时间，逐渐学会在操场上玩耍，而在那之前，我每次陪他去操场都相当于登上一次地狱快车。

与此同时，其实还有一趟通往天堂的快车。每当我们解离那些无益的头脑故事，为困难情绪创造空间，并让自己安稳地锚定当下时，就能从沉沦中上升，渐入光明之境。而且，每前进一步，如果能有意识地感恩拥有的一切，就会发现现实正在改变。现实裂隙并未消失，但它已经不再是关注的焦点，我们转而关注的是：看见并享受此时此刻拥有的一切。

例如，当我放下有关我儿子的全部头脑故事，关于他可能怎样和应该怎样，以及他哪里有缺陷和不正常的那些故事时，如实地爱他本来的样子，解离我的一切期待和评判，在那样的时刻，我就会觉得很美妙。他也从“麻烦”变成了“荣幸”。我会深感幸福和被上天厚待，让我有机会和这个了不起的孩子生活在一起，我从他身上学到很多爱的功课。彼时彼刻，我身在“天堂”。

其实，所有父母都面临同样的挑战：能否解离无益的头脑故事，如其所是地欣赏孩子，感恩他们给予我们的一切？而且，这也是我们在每一份关系中面临的挑战：和自己的关系、和他人的关系以及和周围世界的关系。同时，需要明确，这是极大的挑战，毕竟，地狱快车时刻待发，须臾间就能带走每个人。

幸运的是，即便如此，我们总能返程。每当意识到自己深陷地狱时，我们就夺回了选择权，可以运用 3 个 P 的理念，即当下、意图和荣幸，帮助自己顷刻返程。

The Reality Slap

第22章

将痛苦酿成诗篇

我的一位客户克洛伊被诊断为乳腺癌，她曾经参加过“乳腺癌支持小组”，希望能够在那个鼓励自我觉察和慈悲的团体中获得共鸣，能有人真正理解这种病会令人多么痛苦、恐惧和艰辛，同时也希望能从中获得真正的支持和鼓励。但结果令她失望，用她自己的话说，“那是热衷于积极思考的一群人”，那些女人不但不能承认她正在经历痛苦和恐惧，反而告诉她要积极思考：应该把癌症视为“礼物”，为此感到幸运，因为疾病给了她“觉醒”的机会，让她能够更加感恩生活，这是一次更充分的学习、成长和爱的机会！

就我而言，我一直都在更充分地学习、成长和爱，贯穿本书始终的也是觉醒和感恩，但这和让你把癌症看作礼物或是让你为患病而深感幸运的思路还是有着天壤之别。而且，如果将“癌症”换成“你孩子的夭折”“房子被烧毁”“关进集中营”或是“肢体残疾”，然后将这些事说成“礼物”，或是说遇到这些事的人“很幸运”，会不会太残忍？这种方式与关心和慈悲的回应方式大相径庭。

我们都有足够机会学习、成长和觉醒，并对生活心生感恩，但不需要发生恐怖事件来成全这个过程。可怕的事情发生了，我们当然要从中学习成长，但请不要假装这些事很美好，或是因此感到幸运。我确实从我儿子那里学习成长很多，在所有心痛中也体验到了巨大的满足喜悦，但是，我不会将自闭症视为“礼物”。

前文提及，有时你也会遇见或是听说一些人讲述自己的故事，病痛、受伤和濒死体验对他们而言是“曾经最棒的事”，因为这些事让他们的生活道路转变到了积极的方向。我就遇到过几个这样的人，也读过很多类似的故事，这些真人真事很励志，但我感觉这样的人在现实生活中很少见，大多数人不会像他们那样看问题。因此，为什么不对自己诚实一些？当坏事发生时，就让我们承认自己感到深深的痛苦，并且善待自己。接下来，也只有接下来，才能看到如何从经验中学习成长。

因此，首先确认痛苦的存在、慈悲地回应自己，尽力改善状况；然后，或许需要考虑下面的问题。显然，你没有邀请现实打击你，生命自行其道，无须经你同意，但是，假如现实确实打击了你，不妨问自己这些问题，或许会有帮助：

- 我如何才能从这份体验中学习和成长？
- 我能够从中发展出何种个人特质？
- 我能够从中学习和提高哪些实践技能？

被现实掌掴，是在呼唤我们的成长。尽管并不想这样，但如果拒绝这份邀请，我们的生活肯定会更加糟糕。那么，如果能接纳邀请并充分利用它，会发生什么？我们可以利用它发展解离、联结和扩展，从而接触自身价值并遵从意图而行；我们可以利用它演练四部曲：善待自己、落下锚点、选择立场和发现宝藏。

生命本身蕴含的荣幸是：我们确实有机会学习和成长，只要我们想，随时随地都能充分利用这种良机，直至生命终点的最后一口呼吸。因此，就让我们保持好奇，在回应痛苦感觉时，问问如何才能从中深化自己的生命？如何才能更有耐心和勇气，更有慈悲、坚毅和宽恕的能力？

你可曾听过这样一句老话："当学生准备好时，老师自会出现？"我曾经很不以为然，觉得这是"新时代"运动的花言巧语，感觉它在说，当你准备好开悟时，某位大师就会从天而降。但我近来对这句话有了迥然不同的理解，它其实在说：只要愿意学习，我们就能真正从每件事中学习，无论这件事多么令人痛苦和恐惧，我们都能有所收获。

在过去三年里，我逐渐将我儿子视为最棒的老师。（头脑会说这简直是可怕的无稽之谈，但事实上这千真万确！）而且，这种学习每天都来得既深刻又迅猛，每当想到我儿子面临的挑战，想到他的缺陷和必须付出的艰苦努力，以及生活对他来说有多难时，我都会自然而然地深感悲伤。而且，我对他的未来也忧心忡忡。写本书期间，我儿子在小学学前班适应良好。在一位兼职私人助理的帮助下，他正在和同学们交朋友，对班级也能有所贡献。总体而言，适应得不错。但是，我们也都清楚小孩子有多残忍，他们对待那些"不同"的孩子会多么无情。而且，我也担心他长大些后会成为同学们捉弄的对象。是的，这种情况也许永远不会发生，但还是有很大的可能性。即便只是想想，我都万箭穿心。

是的，我深感恐惧和悲伤，但与这些情绪相伴而来的是极大的爱、喜悦和感恩之情。我对儿子的爱永无止境，他给予我的无限欢乐也难以言表。他能出现在我生命中，令我万分感激。现在，如果你对我说，"路斯，我已经找到那个小玩意了”，然后拿出一个带着亮红色按钮的银色小盒，接着说：“这个小玩意很神奇，只需要按下红色按钮，你的一切恐惧和悲伤都会彻底消失！但它有个副作用，按下按钮后，你就再也不会在意你的孩子了。他对你来说毫无意义，你不会再关心他的感受，也不会再关心小伙伴如何对待他，他能否交到朋友，离开学校后何以为生，你甚至根本不在意他的死活。”

你觉得我会按下按钮吗？

换作是你，会按下按钮吗？

这正是生活给予我们的。真正在意某人某事，那我们迟早要面临现实裂隙：横亘在我们所想和所得之间的一个现实裂隙。痛苦情绪会随之而来。爱之深，痛之切。

那么，我们能否拥抱痛苦的情绪，将其视为很有价值的一部分？能否感恩痛苦揭示的要义：我们正在活着，拥有一颗心灵，真正有所在意？

我们能否将痛苦视为通往他人内心的桥梁？痛苦超越了人与人之间的区别，我们在共同的苦难中团结在一起。只有在我们自己了然这份伤痛时，才能真正联结那些同样受伤的人，唯有如此才能真正理解何为共情。所以，我们能否对痛苦心怀感恩，因为它们会帮助我们建立丰富的关系，会帮助我们联结深陷苦难的人们，积极关心他们，并自愿奉献我们的善意？

我们的情绪如同胳膊和腿，都是我们自身的一部分。那么，是否真有必要回避、逃离或与之战斗，还是说可以学习将其视为宝藏？如果我们的胳膊和腿被切断、截肢或是感染，自然很痛苦，但我们不会因此陷入和肢体的战斗，我们可不想没有它们，而是很感恩它们对于生活的重大贡献。

就让我们来看看我们所关心的那部分，若能真正视若珍宝，真正对它给我们生活做出的贡献心怀感激，那会怎样？的确，不在乎就不会痛苦，但同时也就失去了欢声笑语。只能过着行尸走肉般的生活：一切都无所谓，一切都毫无意义。这样就不会再失望和挫败，但也不会再心满意足。正是因为我们能够在意，才能过上怀有意图的生活：建立丰富的关系，自我激励，发现生活宝藏并尽情享受。因此，我们是不是能够感激生活，即便它会那么令人痛苦？

再来看看我们感受自身情绪的能力。我们能否对头脑处理 10 亿级电子化学信号的惊人能力心怀感恩？头脑能够对来自整个身体的信号进行编码并立刻阐释，从而让我们有能力感受自身的情绪，这是多么神奇！

想象这个系统停止工作，你再也没有感觉，那会失去什么，生命又会多么空虚？

从自我关怀的心理视角出发，落下锚点并选择立场后，接下来，能否看看自己身体内部的痛苦情绪，并且用善意和尊重的态度对待它们？能否为它们提供空间和安宁，带着关心留意它们？能否好奇而开放地联结它们？能否反思它们带来的有关我们真正在意什么的启示？能否不把这些情绪评判为“坏的”，而是尝试探索它们？

即将完成本章写作之时，我感觉本书最难的部分就是提出这些建议。忍受痛苦很艰难，接纳痛苦难上加难，而感恩痛苦则是难中至难。

不过，这依然可行。我们越是能反思情绪带来的特殊利益，就越是能用各种方式关心和感受情绪，也就越能对所有情绪心生感恩。诚然，这种特殊利益不是没有代价，有爱就有痛，在意就会失落，美好伴随烦恼。但是，我们不妨反过来看：想想如果没有它们，生活将是什么样子。

还可以考虑：到底什么会令我们获得持久的满足感？人类生命力的

核心是什么？“爱”的本质又是什么？答案是：关心、联结和贡献，怀着个人意图在此时此刻生活。有什么会比这更令人荣幸？因此，我鼓励你充分享有这种荣幸：活在当下，落实意图。同时，也请接纳现实：承认自己常常忘记这么做。美妙之处就在于，每当我们想起时，就重新拥有了选择权。善待自己，落下锚点，选择立场，你将会在那个时空里发现宝藏：我们能够持续感到心满意足，即便今生始终伤痕累累。

附录 A

解离技术与削弱作用

“解离”就是我们和自己的想法拉开距离，看到想法的本来面目，允许它们如其所是。解离技术主要有三种：留意（noticing）、命名（naming）和削弱（neutralisation）。本书第 6 章已经详细描述过留意技术和命名技术，而这里的削弱技术是指将你的想法置于一个新的语境下，在该语境下，你会逐渐发现想法只是一些词语和画面，仅此而已，然后就可以有效削弱想法对你的影响了。

削弱技术主要包括：重点读取想法的“视觉性质”（比如“看到”想法）；侧重突出想法的“听觉性质”（比如“聆听”想法），或是二者兼而有之。你可以试试下面的技术，并且对会发生什么保持好奇。你无法精准预测哪些技术更适合，每种技术都可能对你无效，也可能只是帮你实现轻微的解离，或是帮你实现显著的解离。（有时，它甚至会制造更多融合，虽非常见，但确有发生。）

请注意，解离的目的并不是消除不想要的想法，或是减轻令人不快的情绪。它的目的是支持你全然投入生活，不再迷失于想法，或是被想法逼得团团转。练习解离无益想法时，常常发现它们很快“消失”，或是不适情绪迅速“减轻”，但这些只是“幸运的奖赏”，而不是主要目的。因此，当它们发生时，你尽可以享受，但请不要期待。如果你想用解离技术促成这些结果，很快就会深感失望。

接下来，请试试下面的技术，带着好奇看看会发生什么。如果你发现有一两种技术能够真正帮你解离，那不妨在接下来的几周内多多使用，看看它们带来的影响。但是，假如某种技术让你感觉自己的想法被轻视、折损和嘲弄，那就请不要使用这种技术。

首先，在一张纸上写下几个常常让你上钩和感到痛苦的想法。从中选择一个想法来工作，在使用每种技术时，遵循步骤练习，并对发生什么保持开放和好奇。

视觉性削弱技术

“把想法写下来”

在一张纸上写下两三个令你痛苦的想法。（如果手边没有纸笔，不妨试试在想象中完成。）

现在，请将这张纸拿到你面前，尽量让自己沉浸在痛苦想法中，保持几秒钟。然后，把这张纸放在桌子上，观察周围的环境，留意你能够看到、听见、触摸、品尝和嗅闻的事物。

请注意，这些痛苦想法依然陪伴着你，它们完全没有变化，你很清楚它们就在那里，但是，如果把它们放在桌子上而不是放到你面前，它们对你的影响是否会减轻？

现在，在纸上那些想法的下面，画一个火柴人（如果你有艺术才能，也可以画一个卡通人物）。然后，在那些词语周围画一些“想法泡泡”，好像它们是从火柴人头脑中蹦出来的（如同你在漫画中看到的那样）。现在，看看这个“卡通人物”，这么做会不会让你和那些想法的关系有所改变？

用不同的想法和火柴人（或卡通人物）多试几次，给火柴人换上各种表情——笑的、哭的、呲着大牙的和怒发冲冠的……也可以画一只小猫、一只小狗，或是一朵花，把它们都画成和想法泡泡一样是从火柴人头脑里蹦出来的。现在，留意这么做是否会改变那些想法对你的影响，是否会帮助你将那些想法仅仅看成一些词语。

“电脑屏幕”

你可以在想象中或是在电脑上做这个练习。（大多数人感觉在电脑上做作用更大。）首先，在电脑屏幕的文档中用黑色字体写下（或是想象着写下）你的想法；然后，变换字体和颜色，以之为乐。比如把这些字的形式变化成几种不同的颜色、样式和大小，留意每一次改变的效果。（注意：明显的红色大写字体更容易让人融合，而小写的淡粉色字体更容易带来解离。）

然后，继续保持黑色字体，这一次变化格式让这些词语之间的间距更大，或是将这些词语合并，中间不留空隙，这样就成为一个很长很长的词。想象这些词语竖起来了，和屏幕保持垂直。最后，把这些词语复原成最开始的句子。

现在，你和这些想法的关系是否有所变化？是否更容易看清它们只是一些只言片语？（请记得，我们对这些想法的真假毫无兴趣，只想看清它们的本来面目。）

“卡拉OK球”

想象着让你的想法作为字幕出现在卡拉OK屏幕上。想象着一个“活泼的球”正逐渐从一个词语跳到下一个词语。重复进行几次想象。

如果喜欢，你甚至可以想象自己正在舞台上跟随屏幕上的“歌词”放声歌唱。

变换场景

想象着将你的想法变换到各种不同的情景中。每次花5～10秒想象一个情景，然后换到下一个。想象你看到自己的想法出现在下面这些地方：

a）以五颜六色的字体出现在一本童书的封面上

b）以很时髦的样式印在一个餐馆的菜单上

c）以奶霜的形式装点在一个生日蛋糕上

d）用粉笔写在一块黑板上

e）作为标语印在一位慢跑锻炼者的T恤上

“落叶流水和天空飘云”

想象着片片树叶轻柔地沿着小溪顺流而下，或是想象着朵朵白云轻柔地飘过天空，将你的想法拿起，放在那些树叶或是云朵上，看着它们轻轻地飘走。

听觉性削弱技术

“可笑的声音”

用一种可笑的声音说出你的想法，无论是默默地还是大声地说。（通常大声说出会有更强的解离作用，但显然需要顾及时间场合。在晨间会议上这么做显然不合适！）比如，你可以选择一位卡通人物的声音，也可以是电影明星、体育评论员，或是某个有奇怪口音的人。尝试使用各种不同的声音，留意会发生什么。

“慢放和快进”

对你自己说出你的想法，无论是默默地还是大声地说。首先，用一种非常缓慢的速度，然后再用一种非常快的速度（听起来就像是一只花栗鼠）。

“唱出你的想法”

对你自己唱出你的想法，无论是默默地还是大声地唱。可以先试试“生日快乐歌”的曲调，然后再尝试用几种不同的旋律把它唱出来。

创造专属削弱技术

现在，你完全可以自己发明削弱技术。唯一要做的就是将想法带入一种全新的语境中，能让你“看见”或“听到”想法，或是既能“看见”也能“听到”。例如，可以让你的想法变得“可见”，把它们看作帆布上的油画、纸牌图案、飞机尾部拖曳的横幅标语和骑行者后背的刺青，也可以想象着它们出现在超级英雄胸前的徽章上，雕刻在中世纪骑士的盾牌上，或是写在一匹斑马侧身的条纹里。你也可以用颜料把它们画出来，或是雕刻出来；还可以想象它们在翩翩起舞、腾挪跳跃或是在踢足球；想象它们正在电视屏幕上活动，如同电影字幕；或是想象一位莎士比亚剧演员正在引用你的想法，一台收音机正在播放它们，它们来源于一个机器人的声音，或是由一位摇滚明星唱出来。尽情发挥你无穷无尽的创造力，只要确保自己投身其中并玩得开心就好。

附录B

正念呼吸

这个练习有助于发展正念技能。请先确定你想花多长时间投入练习，20 ～ 30 分钟会比较理想，也可以选择你希望的时长。（可用计时器计时。）

找一个安静的地方，尽量让自己不受打扰，比如来自宠物、孩子和电话的干扰，并且尽量选择舒适的位置，最好是坐在椅子上或是沙发上。（躺下也行，只是那样很容易睡着！）如果是坐着，请你挺直后背，沉肩坠肘，微闭双眼，或是睁开眼睛，自然注视前方。

接下来，进行 5 ～ 6 次呼吸，尽力彻底清空肺里的气体。停留 1 秒钟，再次吸气，直到肺里完全充满气体。

这样进行 5 ～ 6 次呼吸后，请让你的呼吸按照它原本的节奏自然进行，不要控制它。

下面的挑战在于保持对呼吸的专注，观察它，仿佛你是一个充满好奇的孩子，之前从来没有遇到过“呼吸”。当空气进入和流出时，留意身体各部位的不同感觉。

注意：你的鼻孔那里发生了什么；肩膀那里发生了什么；胸部那里发生了什么；腹部那里发生了什么……

呼吸流经身体时，请你带着开放而好奇的态度，留意呼吸的动作，追踪呼吸在你鼻子、肩膀、胸部和腹部的足迹。

同时，请将头脑的喋喋不休看作背景广播，不要试图让它安静，那会适得其反，允许它唠叨，你继续保持对呼吸的专注。

你可能经常被头脑的想法钩住，变得心不在焉。这很正常，也很自然，而且还会持续发生。（事实上，如果你能在这种情况发生之前坚持10秒钟，就已经算做得相当不错了。）

当你发现自己上了想法的鱼钩，就请温柔地承认这一点，然后默默对自己说“上钩”，或是温柔地点点头，再次将注意力带回到呼吸上。

这种“上钩”会持续发生，如果你每一次都能从中“脱钩”并再次专注呼吸，那么，你就是在强化自己的专注力。因此，假如头脑让你一千次地“上钩”，你就可以一千次地将注意力带回到呼吸上。

随着练习的进行，你身体上的情绪和感受都会发生变化：你或许会注意到那些令人愉快的部分，比如放松、平静和安宁；也可能发现一些不适的部分，比如后背的疼痛、失望或焦虑的情绪，等等。练习的目标是允许情绪如其所是，无论它们是愉快的还是不愉快的。请记住，这并不是一种放松技术。不需要努力让自己放松。如果你感觉到压力、焦虑、烦恼或是不耐烦，这些都没有问题。练习的目标只是允许你的情绪如其所是，而不去对抗它们。因此，假如此时此刻出现一种困难情绪，就为它命名，你可以对自己说："这是心烦""这是沮丧"，或者"这是焦虑"。顺其自然，继续专注于呼吸。

继续用这种方式观察你的呼吸，承认不适情绪的存在，尽量让自己从想法中"脱钩"，直到练习结束。然后，伸展一下身体，投身周围的世界，同时，祝贺自己花时间练习了这种很有价值的生活技能。

附录 C

价值澄清

下面这份价值清单摘自我写的《自信的陷阱》（*The Confidence Gap: From Fear to Freedom*）一书，由澳大利亚企鹅出版社在2010年出版（Penguin Group Australia，Camberwell，Vic，2010）。

快速发现你的价值

价值是我们内心深处最深的渴望，关于我们想要活成什么样的人，它和你想要得到什么或是达成什么目标无关，而是关于你想要如何表现，或是你在持续行动的过程中体现出怎样的态度。

价值可能有上百种，下面清单中列出的是那些最常见的价值选项，不是所有的都和你有关，但其中有些很可能会符合你的渴望。注意，价值不分“对”或“错”，就好像偏好不同口味的比萨饼，你更喜欢火腿和菠萝口味，而我更喜欢意大利香肠和橄榄口味，这不能说明我选择的口味就对，而你选择的就错。这只不过表示我们的口味不同罢了。同样，每个人可能都会选择不同的价值。接下来，请你通读以下价值清单，并在每项价值旁边标注一个字母：V=Very important，“非常重要”；Q=Quite important，“相当重要”；N=Not so important，“没那么重要”。同时，请至少将10种价值标记为“非常重要”。

1. 接纳：保持开放，接纳自己、他人和生活。
2. 冒险：勇于冒险，积极寻求、创造和探索新鲜事物或有趣体验。
3. 坚定：温和有礼地捍卫自己的权利，提出自己的要求。
4. 真诚：真实、坦率、实在——对自己真诚。
5. 美好：欣赏、创造、滋养和培育自己、他人及环境的美好。
6. 关心：真正关心自己、他人和环境。
7. 挑战：持续挑战自我，从而能够学习、成长和进步。
8. 慈悲：行动时带着仁慈的态度，仁慈地对待受苦的人。
9. 联结：全然投入任何正在做的事情中，与人相处时能够全然安处当下。
10. 贡献：对自己做出贡献，自我帮助，对自己和他人产生积极影响。
11. 守纪：尊重、服从规则并承担责任。
12. 合作：善于合作、协作。
13. 勇气：勇敢，在恐惧、威胁和困难面前坚持不懈。
14. 创造：富有创造力和创新性。
15. 好奇：保持开放、好奇的心态，满怀兴趣地探索和发现。
16. 鼓励：认为自己或他人的行为很有价值时，进行鼓励和奖励。

17. 平等：待人如待己，反之亦然。
18. 兴奋：寻找、创造和投入令人兴奋、刺激和紧张惊险的活动。
19. 公平：对自己和他人保持公正。
20. 健康：维护和改善自己的健康状况，照顾自己的身体健康和心理健康，保持良好的状态。
21. 灵活：能够根据情况变化做出适应和调整。
22. 自由：自由选择生活方式和行为方式，或是帮助他人这么做。
23. 友好：温和、友善地待人，招人喜欢。
24. 宽容：愿意原谅自己和他人。
25. 有趣：善于发现乐趣，寻找、创造和投入那些充满乐趣的活动。
26. 慷慨：保持慷慨大方，乐于分享和给予自己或他人。
27. 感恩：感恩自己、他人和生活的积极方面。
28. 诚实：诚实、真诚和诚挚地待人待己。
29. 幽默：发现和欣赏生活中幽默的一面。
30. 谦虚：保持谦逊和虚心，用成绩说话。
31. 勤勉：保持勤奋，努力工作，专心致志。
32. 独立：自力更生，选择自己做事的方式。
33. 亲密：敞开心扉，呈现并分享自己，在亲近的人际关系里进行更多情感和身体层面的联结。
34. 正义：维护公平、正义。
35. 善良：能对自己和他人保持善良、慈悲、体贴、滋养和关心。
36. 爱：在行动时对自己和他人都能满怀爱意和感情。
37. 正念：保持开放和好奇，对自己此时此刻的经验保持好奇。
38. 秩序：做事遵守秩序、富有条理。
39. 开放的心态：能够从他人视角思考和看待事情，能够相对公正地权衡种种现象。

40. 耐心：能够平静地等待自己想要的结果。
41. 坚持：无论遇到什么问题和困难，都能够坚持不懈地努力。
42. 愉快：善于创造和给予自己和他人快乐。
43. 权利：能够对别人产生强有力的影响，或是具有权威性（例如，能够掌控、领导和组织他人）。
44. 互惠：建立付出与回报相平衡的互利关系。
45. 尊重：尊重自己和他人，表现得有礼貌、很体贴和积极关注。
46. 责任：为自己的行为负责，敢于承担责任。
47. 浪漫：追求浪漫色彩，善于表现和表达强烈的爱和喜欢。
48. 安全：捍卫、保护和确保自己和他人的安全。
49. 自我觉知：觉察自己的想法、情绪和行为。
50. 自我爱护：关心自己的健康幸福，满足自己的需求。
51. 自我提升：在知识、技能、性格和阅历等方面能够保持进步、成长。
52. 自我控制：按照自己的理想采取行动。
53. 感官体验：创造、探索和享受那些能够刺激五种感官的体验。
54. 性感：探索或表达自己的性感。
55. 灵性：联结比自己更强大的事物。
56. 擅长：持续练习和提升技能，使用技能时能让自己全然投入。
57. 支持性：支持、帮助、鼓励和随时守候自己和他人。
58. 信任：成为值得信任的人，保持忠诚、忠实、真诚和守信。
59. 此处可以填入你的其他价值。
60. 此处可以填入你的其他价值。

* * *

当你评估每种价值并做好 V、Q 和 N 的标记后（即“很重要”“相当重要”和“没那么重要”），请看看那些标记为 V 的价值选项，从中选出你认为最重要的 6 项，在这些选项旁写上“6”这个数字，表示这些是对你来说最重要的 6 项价值。然后，请将这 6 项价值写在下面，提示自己想要成为的是这样的人。

____

____

____

____

____

____

____

附录 D

制定目标

制定有效目标是一种需要练习才能熟练掌握的技能。以下方法获得了“减重工作坊”（The Weight Escape）和相关在线课程的许可分享在此，由安·贝利（Ann Bailey）、乔·西阿若奇（Joe Ciarrochi）和路斯·哈里斯（Russ Harris）在2010年开发。（相关图书《减轻体重》（*The Weight Escape*）由澳大利亚企鹅出版社在2012年6月出版。）你可以在www.thehappinesstrap.com网站上的免费资源页面免费下载此表格的PDF版。

制定目标和承诺行动的五步计划

第一步：确认你想要遵从的价值

请确认一项或多项你在行动过程中想要遵从的价值：

____

____

____

____

第二步：制定一个SMART目标

根据头脑的想法随意制定旧目标并不会有效，最好是制定一个SMART目标。它的含义是：

S=specific，具体的。（请不要设置一个含混模糊、无法界定的目标，比如“我想更有爱心”，而是制定更具体的目标，比如“下班回家时，我要给爱人一个长时间的美好拥抱”。换言之，就是具体到你要采取的行动。）

M=meaningful，有意义的。（请确保你的目标符合你的重要价值。）

A=adaptive，适应性的。（这个目标能否以某种方式让你的生活有所改善？）

R=realistic，现实的。（请确保这个目标需要的资源具有现实性，所需资源可能包括：时间、资金、身体健康、社会支持、知识和技能。如果这些资源是必需的，但却无法获得，那么就需要考虑一个更加现实的目标。新目标或许就是寻找那些目前还不具备的资源：储蓄、发展技能、建立社交网络或改善健康状况，等等。）

T=time-framed，有时间表的。（为了实现这个目标，做好时间安排：具体到日期和时间，越精准越好，以便你能够遵循时间表行动。）

请写下你的SMART目标：

___

___

___

___

___

___

___

第三步：确认收益

需要为自己澄清：如果实现这个目标，你会获得怎样的积极结果？（但是，请不要幻想目标实现后生活会有多么美妙。研究发现，那些对未来的幻想实际上会减少你真正实现的机会！）请在下面列出你在目标实现后会获得的收益：

___

___

___

___

___

___

第四步：确认阻碍

想象你在实现目标的过程中可能遇到的困难和阻碍，并考虑如果它们真的出现了，你准备如何处理：

（1）你的内心可能会产生怎样的困难想法和情绪（比如，动力小、自我怀疑、痛苦、愤怒、绝望、不安全感和焦虑，等等）？

（2）你的外部可能会出现什么困难和阻碍（除了那些阻碍你实现目标的想法和情绪之外，在外部环境中还会有什么障碍？比如缺少资金、时间、技能，以及可能会面临与他人的冲突，等等）？

如果内在的困难是以想法和情绪的形式出现，比如：________________

____

____

________________那么，我将使用下面这些正念技能“脱钩”，并且为它们创造空间，让自己生活在此时此刻：________________

____

____

____

____

如果外部的困难出现了，比如：

（1）____

____

（2）____

____

（3）____

____

那么，我将会采取以下步骤处理：

（1）____

____

（2）____

____

（3）____

____

第五步：承诺行动

研究显示，如果你公开承诺目标（比如，至少和一个人说过你的目标），你就更有可能真正实现它。假如你不愿这么做，那至少可以对自己承诺。不过如果你真想要最佳结果，那么还是公开承诺会更好。我承诺（下面可以写出你在自身价值引导下制定的SMART目标）：

____

____

____

____

现在，请大声说出你的承诺，最好是说给某人听，但假如没有理想人选，不妨说给自己听。

小贴士：如何制定目标

- 制订分步计划：将目标分成具体的、可测的、按照时间表进行的一些小目标。
- 告诉别人你的目标和持续取得的进步，公开宣称将会推进承诺的行动。
- 当你在实现目标的过程中有所进展，请好好奖励自己：小小的奖励有助于推动你取得更大的成功。（奖励可以很简单，比如对自己说："做得太棒了，这是一个很好的开始！"）
- 记录这个过程：坚持写下来，或是画图示意，记下你所取得的进步。

附录E

ABA、RFT 和儿童发展

在自闭症和“特殊儿童”领域，“应用行为分析”（ABA）相对其他疗法而言会更有优势。ABA 的主要优点是：

（1）干预结果清晰可测；

（2）紧密结合个体需要来发展能力；

（3）以坚实的科学研究为基础，这些科学研究是关于人们如何学习以及如何与周围世界互动的。

正如第 17 章中提到的，ABA 的治疗程序大体上是将自闭症视为一种技能欠缺的情况。自闭症儿童通常会在以下大多数或是全部的能力范畴存在不足：思维技能、语言 / 沟通技能、玩耍技能、社交技能和注意技能。治疗师的工作就是帮助儿童发展这些技能，具体方式为：将这些技能分解成很小的、很简单的步骤，然后运用大量奖励和鼓励的方式督促儿童反复练习。目前，获得最充分研究并且应用最广泛的 ABA 治疗程序是“洛瓦斯课程”。完成该项目的自闭症儿童约有 90% 会有明显改善，而且更好的地方在于约有 50% 的儿童进步非常大，以至于达到正常的智力和情感功能标准，他们的智商达到或超过正常儿童的平均智商，表面看起来，他们和同龄孩子已无区分。

因此，ABA 受到坚持循证治疗的专业人士认可，并推荐为最佳方法，就不足为奇了。美国儿科医生学会在 2010 年宣称 ABA 是唯一获得实证支持的针对自闭症的有效疗法。但非常遗憾的是，时至今日，世界上大多数国家的政府都没有认识到，用公共基金支持开展 ABA 治疗程序会给自己国家带来多么巨大的利益。但有一个例外是加拿大，加拿大政府建立了 ABA 基金会，针对所有 7 岁以下的自闭症儿童，平均花在每个孩子身上的费用为 50 万加元，但这却可以在长期内节省约 400 万加元的公共健康成本。不是数学天才，也能算清这笔账。

但是，并不是没有 ABA 的反对者和批评者。悲哀之处在于，大多数批评者的评论都是针对 40 年前的 ABA。我觉得这很奇怪，就好像在批评一位医生时，针对的是她的前任医生在 40 年前做的事！反对 ABA 的人士似乎并没有意识到，这种疗法在过去几十年中已经发生了翻天覆地的变化，与原来的方法已经没有可比性了。特别是已不再涉及任何“厌恶刺激”（为了减少不想要的行为而实施的不愉快刺激），而且，相对于一直让孩子待在桌子旁来说，现如今的技能训练通常都会针对各种不同环境设计一些自然方式开展。

尽管如此，对 ABA 的一些批评其实还是挺公正的；不可否认，ABA 在有效的同时也存在不足。时至今日，从业者还是没有基于 ABA 的原则，开发出能够有效针对心智理论、思维推理、观点采择、情绪觉察和慈悲共情的相关训练程序，也无法有效帮助自闭症儿童获得在正常儿童身上可以观察到的快速学习语言的能力。幸运的是，伴随着 RFT（关系框架理论）的发展，这一切都在变化。RFT 是一种关于人类语言和认知的革命性理论，我很难在附录中给出简明清晰的解释。不过，在过去 20 年中，有超过 180 篇研究 RFT 的论文在顶级学术期刊上发表，无论以什么标准衡量，都是十分引人注目的科学证据。

RFT 为 ABA 增添了一个崭新的分析层次，能够支持 ABA 的实践者开发针对前述问题的有效训练程序，同时还能保持 ABA 严谨的科学性、坚实的实证基础以及结果的可测量性。RFT 的分析结果能帮助我们对某个儿童的发展性需求有深刻理解，并据此设计干预方案，以便更快速和有效地产生明显的影响。而更加重要的是，RFT 已经和"第三代浪潮"的行为干预方法（比如 ACT）结合，能够清晰阐明一般性的发展需求：发展相应的能力和技能，以促使人们更具有心理灵活性，更善于觉察自身的体验，也更能自主地朝自己的价值方向前进。

想要学习 RFT 及其在自闭症领域应用的 ABA 治疗师可以参考入门教科书《学习 RFT：关系框架理论及其临床应用介绍》（*Learning RFT: An Introduction to Relational Frame Theory and Its Clinical Applications*），作者是尼可拉斯·托奈克（Niklas Törneke）。在理解 RFT 之后，接下来可以看看《关系性反应的应用之源：针对自闭症和其他发展障碍》（*Derived Relational Responding Applications for Learners with Autism and Other Development Disabilities*），作者是露丝·安妮·雷菲尔德（Ruth Anne Rehfeldt）和伊冯·巴恩斯 – 霍姆斯（Yvonne Barnes-Holmes）。

心理学家达林·凯恩斯是世界范围内用 RFT 治疗自闭症的首席专家，他的联系方式是：darincairns@gmail.com。

延伸阅读

路斯·哈里斯博士出版的图书

《幸福的陷阱》

很多有关幸福的流行观点都具有误导性，而且是错误的，如果对这些观点深信不疑，人们就会更加痛苦不堪。这是一本自助书，适合所有人阅读，能够帮助读者将生活变得更加丰富、充实和有意义，同时可以避免掉进常见的“幸福陷阱”。这本书的写作思路基于 ACT（接纳承诺疗法），ACT 对于从工作压力到成瘾，从焦虑、抑郁、养育者压力到终末期疾病带来的挑战都是适用的。这本书目前已被翻译成 22 种语言，被世界各地的 ACT 治疗师和来访者广泛应用。

《爱的陷阱》

这是一本很有启发并让人充满力量的自助书，将 ACT 应用于关系议题，揭示了如何从冲突、斗争和失去联结走向宽恕、接纳、亲密和真正的爱。

《自信的陷阱》

你所在之处和期待之处之间是否存在一个鸿沟？你的生活是否因为缺乏自信而受阻？我们都曾卡在“自信的陷阱”之中：渴望更好的工作，追求更浪漫的关系，开始学习新课程，把生意越做越大，或是追逐伟大的梦想，但是，沿途会遇到恐惧的阻碍，让我们裹足不前。路斯·哈里斯已经用 ACT 帮助成千上万人克服了恐惧并发展出真正的自信，这本书就在记录这个过程，充满慈悲、脚踏实地并鼓舞人心，它将会帮助你发现自身的热情，成功应对挑战，并创造一种真正令人满意的生活。

《ACT 就这么简单》

这本书能够指导实践，而且充满趣味，可供心理学家、咨询师和教练使用，对于刚接触或是刚实践 ACT 的人很有帮助。这本书对 ACT 给出了清晰的解释，阐述了 ACT 的核心过程和在现实中的应用方案，有助于你将 ACT 融入你的教练生涯或治疗实践中。如果你想开始使用 ACT 并在客户身上取得明显效果，那么，这本书提供了你所需要的全部训练。

The Reality Slap

资　源

ACT 培训

ACT 心理学院是以祝卓宏教授为首的国内接纳承诺疗法（ACT）专家开展 ACT 网络教学、培训的线上学习平台，也是国际语境行为科学协会（ACBS）中国分会（CACBS）传播国际语境行为科学协会年会的网络平台，有大量免费的 ACT 方面的公益讲座视频，可以作为学习 ACT 的重要资源。《生活的陷阱》以接纳承诺疗法为理论指导，可以帮助我们应对生活中的艰难挑战，学会如何跳出生活的陷阱，带着生活给予我们的宝藏勇敢前行。

扫描二维码，联系小蜜蜂，了解更多的 ACT 资源。

津 ACT 基地（慧生心理）

“津 ACT 基地”由《幸福的陷阱》《生活的陷阱》译者邓竹箐博士负责，基地正在充分利用这两本书对社会各界人士开展 ACT 咨询、团辅、读书会、成长小组和工作坊；同时提供针对 ACT 咨询师的系列专业培训，由 CACBS 颁发纸质认证。基地向全体学员推荐《幸福的陷阱》和《生活的陷阱》，希望你也有机会细细品味这两本书，将 ACT 活学活用，助力幸福生活！

联系邓竹箐博士，请扫描二维码，验证语填写“一起 ACT”，一拍即合！

战拖®读书会：陪你读完这本书

战拖®社群由拖延干预和行为改变专家高地清风、资深正念教师周玥等人创建，帮助成员使用 ACT 等方式提升行动力，在拖延应对方面独具优势。旗下豆瓣小组“我们都是拖延症”，是“拖延症”一词的发源地。社群借助视频会议平台，开展视频读书会、视频自习、视频答疑会等活动。哈里斯博士的“陷阱”系列图书，多次成为读书会书目。

如果你被拖延困扰，没能读完（甚至没开始读）这本书，不妨加入社群，让大家陪你一起读。你也可以在视频自习空间里，跟大家互相陪伴和督促，各自完成有意义的工作。社群目前可以免费加入。联系人：战拖小管家，微信：15120097687，扫描二维码，验证语“生活的陷阱”。